改变未来的前沿科技

10 元宇宙

彭麦峰 著　一本书文化 绘

天津出版传媒集团

天津科学技术出版社

目 录

随着科学技术的发展，2021 年迎来元宇宙元年。元宇宙其实是一个与现实世界映射交互的虚拟空间，它也许是互联网的终极形态。

> 大家好，我叫元宇宙。我很喜欢元宇宙，大家跟我一起进入元宇宙的世界吧？

VR（虚拟现实）全景体验设备，能让你足不出户就能"游览"世界各地。

> 哇，我都想去！

> 想去哪里玩？

同时，新手学开车，不敢上路？你可以在我的世界里，在模拟现实场景中开车。

你仰慕已久的国际知名舞蹈老师，远在地球的另一边，现实中的你很难遇见他，但是虚拟现实的世界，就能让你感受到他就在你身边，你还可以随时接受他对你的舞蹈指导。

在家里，你就可以体验演唱会现场的热烈。

你因求学、工作或婚姻而离亲人很远，当你想念他们时，我可以帮你在数字生活空间中与亲人相聚。

我最受科学家们的青睐，因为科学家们可以无风险地在我的世界里做任何合法的科学实验，而不用担心现实世界里会有什么损失。

我的世界是不是很酷？但是我现在还只是在发展的初期，我的成长离不开其他前沿科学技术的进步。

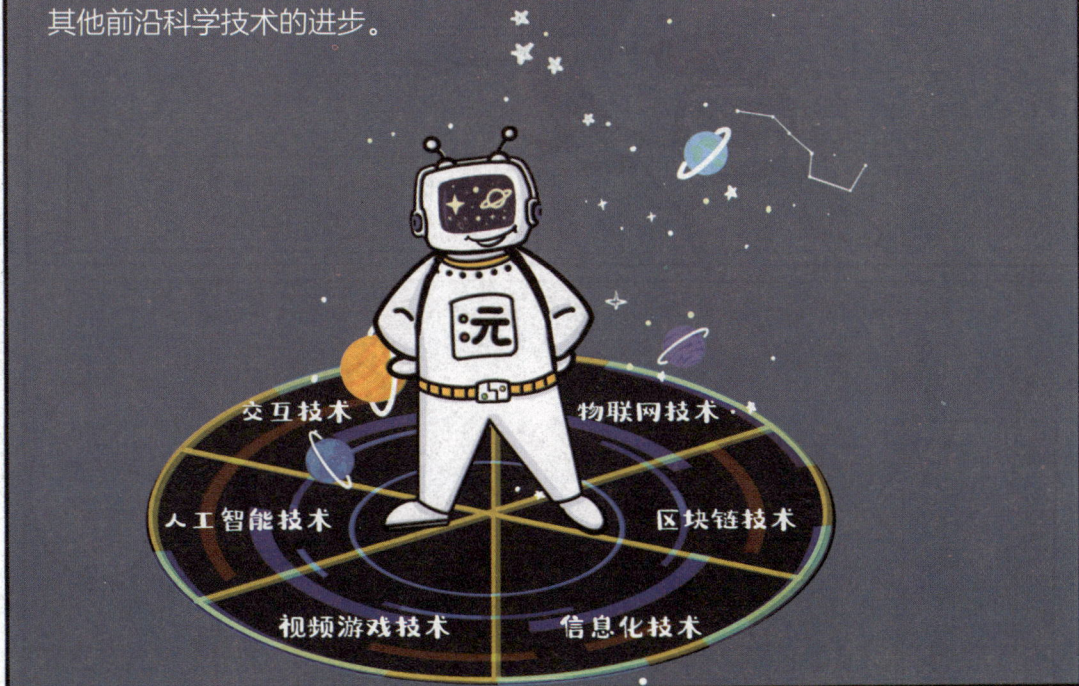

交互技术

物联网技术

人工智能技术

区块链技术

视频游戏技术

信息化技术

快看！小行星爆炸啦！坠落的陨石会不会撞击到地球啊？

不要害怕，我们现在是在元宇宙空间里，眼前看到的都只是虚拟世界中的影像。

不过，这间大房子不是用砖瓦建成的。

欢迎大家来到元宇宙做客。在这里你可以给自己设定一个全新的身份，体验一种不同的人生。

哇！这个游戏太好玩了。

记住，你玩的游戏是虚拟现实，不是你的真实世界。

开发人员将预先设定好的身份、形象等基本信息输入元宇宙数据库。当想要尝试新的虚拟身份时，人们就可以在系统的帮助下，自动与元宇宙中的数字信息进行匹配。

管不住嘴又迈不开腿，最近又胖了不少，真羡慕那些拥有好身材的人啊！

我可以帮你实现这个愿望！

这样一来，我们就可以在元宇宙里看到我们的形象，我们可以在那里交流，并且看到虚拟的 3D 场景。

准备好啦！我们快出发吧！

同学们，这节课我们要到元宇宙中学习热带雨林相关的知识，大家准备好了吗？

今年想在月亮上举办一场全球演唱会。

这个任务交给我吧！包你满意哦！

联合国今日即将召开多国首脑虚拟会议，出席会议的各国领导人将在元宇宙中商讨国际政务。

元宇宙是乌托邦式的互联网世界，每个走进元宇宙的人都会拥有属于自己的美好体验。

你喜欢冒险吗？你热衷于探索未知的世界吗？如果你的回答是肯定的，那就让我们一起努力。

人眼是怎样感受立体世界的

元宇宙相关的技术，能让图像立体化。

咔嚓！这里的景色太美了，我要拍张照片留做纪念。

太神奇了，我感觉看到了真实的场景，而不是图片。

元宇宙的图像给人立体化的感觉，有点像看 3D 电影。

别紧张，VR 眼镜里的画面并不是真实的。

哇，好可怕，汽车要撞过来了。

假如我们想去外太空旅行，但是星际航行的消费太高了，那怎么办呢？这时就需要一个虚拟场景和虚拟外星人，你甚至可以跟外星人打招呼（虽然现在还无法证实外星生命的存在）。

哇，你看，地球人在跟我们打招呼。

我能想象，如果在元宇宙里，应该是这样的……

闭上眼睛，想象有外星人跟你打招呼。

快看！飞船里好像有人。

是宇宙飞船，我简直不敢相信自己的眼睛！这该不会是做梦吧？

我感应到前方的草丛里躲藏着两个地球人。用光波将他们引出来吧！

碎！

终于到达地球了。先观察观察四周的情况。

VR 眼镜里的画面虽然不是真实的，但却让人有一种身临其境的感受。

吓死我了，刚才的狮子仿佛真的要吃掉我。为什么 VR 眼镜里的画面会这么逼真？

这还要从 VR 眼镜的设计原理说起。

原来，VR 眼镜能达到这么逼真的效果主要归功于它的立体成像。

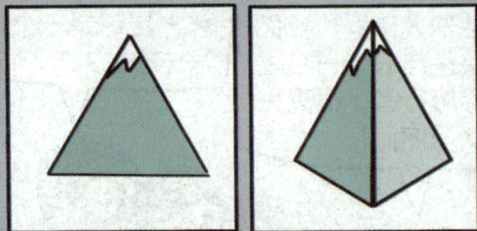

VR 眼镜上的镜片相当于独立的显示屏。人的眼睛本身存在视觉差异，再通过控制镜片分别切换左眼与右眼之间的画面，就能营造出相互重叠的立体影像。

在我们 R 星球，还有许多神奇的事物，等下次来地球的时候我再讲给你们听。

这下我了解到 VR 眼镜为什么这么神奇了。

是啊！我一直都很想知道，为什么我们穿戴上 VR 设备后会瞬间感应到那么逼真的虚拟世界？

小白，听说你对感应设备的研发过程很好奇？

百闻不如一见，走，咱们这就去研发部寻找答案。

研发部的奇妙博士是科技狂人，总涌现出一些稀奇古怪的创意。

奇妙博士，我带小白来跟您取经啦！可以给我们讲讲为什么感应设备会这么神奇吗？

哈哈，你们来得正好，新一代感应头盔刚设计好，快来跟我一起见证奇迹吧！

太可怕了，我怎么突然来到悬崖边了，四周都是深不见底的峡谷，耳边甚至还能听到山风呼啸。

感应设备可以从视觉、听觉、触觉等多个角度刺激人体的感官。

怎么样，场景是不是很逼真？

救命啊，我的心脏都快被吓出来啦！

博士，利用双眼的视觉差异以及切换显示画面就可以让我们看到立体的影像。那么，小白刚刚听到的风声又是怎么回事呢？

感应设备主要是通过与人体的感应器官进行人机感应交互来释放信号，当信号通过神经传递给大脑时，人们就会产生与之相对应的各种感受。

人类的感应器官有时候也会合起伙来欺骗大脑。

嘿嘿，这个画面太真实了，大脑一定会被吓得尖叫。

嗷——

大家都说我很聪明，但其实有时候我也会对假的东西信以为真。

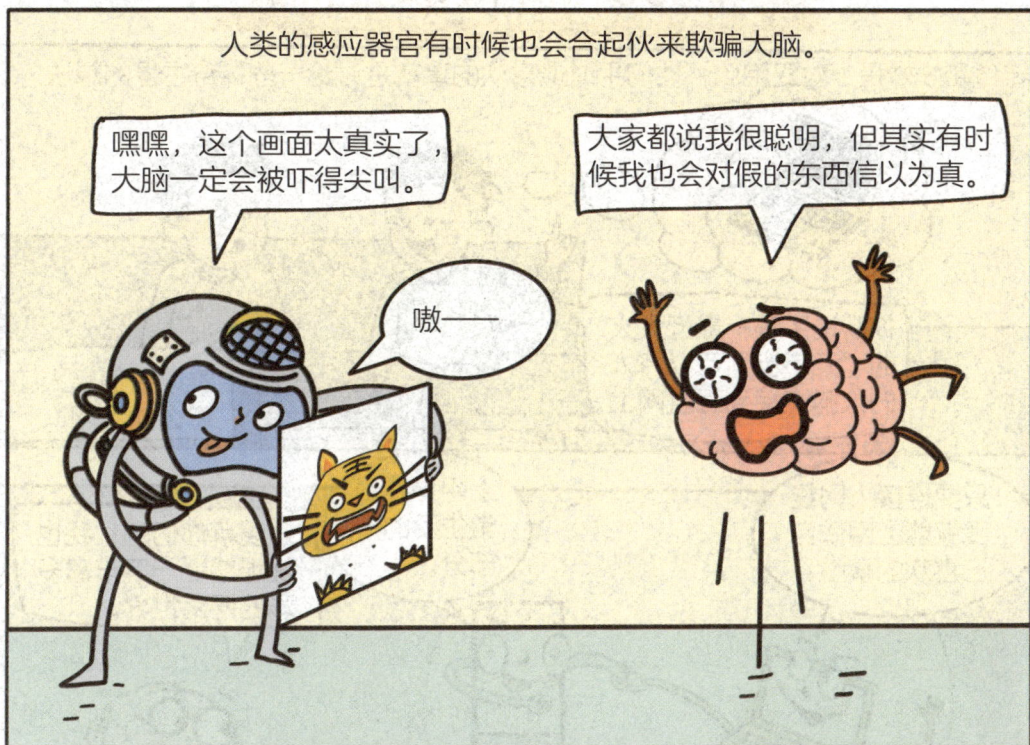

人体就像一台信号感应器，大脑负责接收身体发出的信号。人体的感受越真实，大脑的反应越强烈。

原来如此，感应设备正是利用人体的这些特性来设计的。这回我总算解开心里的谜团啦！

13

人的大脑也能上互联网

奇奇和妙妙是一对双胞胎，他们平时最喜欢的事就是讨论一些稀奇古怪的想法。

你听说了吗？最近大火的"元宇宙"可以将人的大脑连接到互联网上。

难以置信！人脑怎么能上网？

只要连接上网线我就能上网做自己喜欢的事啦！

上网是我日常生活的一部分。

好羡慕你们啊！我也好想感受一下丰富多彩的网络世界。

在元宇宙的世界里，没有空间与物质的概念，大脑将在不借助任何工具的前提下直接连接互联网。

当大脑连接上互联网，我们就可以通过意念在元宇宙里放飞自我啦！

虽然还是不懂，但是听上去好酷！

电脑和手机是通过设定程序来实现在互联网上的操作。同理，人的意念就相当于是大脑设定好的程序。

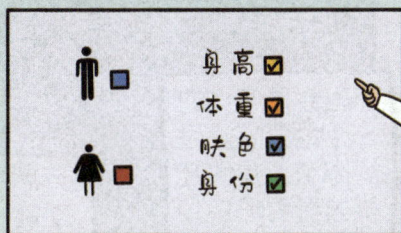

身高 ☑
体重 ☑
肤色 ☑
身份 ☑

在元宇宙，你可以根据自己的喜好创建个人身份、衣着打扮，甚至是外貌。

我们在元宇宙里提供服装定制服务，只要通过大脑下达指令，我们就会第一时间为您奉上心仪的服装。

白色 波点
点

由我出演的这部电影需要展示出不同国家的自然风光。为了节省拍摄成本，剧组将拍摄地点转移到元宇宙。当需要某个国家的风景时，只要通过大脑下达"国家、地点、景观"这些关键指令，元宇宙中的背景就会自动切换。

在没有网络的时代，人们无法想象电脑和手机的存在，更无法想象互联网会对我们的生活产生这么大的影响。

是啊！就好像元宇宙还有"脑机接口技术"，这些话题听起来是多么的遥不可及。但是在这个奇妙的世界里，又有什么是不可能实现的呢？

在元宇宙，我们还可以假设外星人真的存在，不如我们角色扮演，做一对双胞胎外星人？

这个星球好美啊，好像一颗蓝宝石。

真没想到，宇宙黑洞的尽头竟然是这里。

那里会是怎样的一个世界呢？太好奇了，我们赶快去看看吧！

开启瞬间移动功能，我们马上就会抵达那里啦！

哇，这两颗流星是从哪里飞过来的？速度快得惊人。

终于抵达目的地！这个世界好神奇啊，无形的引力可以把人吸附到地面上。

这个世界的花居然有实体，可以触摸到，还可以闻到香味呢！

就在两名探险家忘我地感受着地球的神奇时，一个声音打破了这份宁静。

刚才明明看到两颗流星坠落到这里，怎么一转眼就不见了？

快看，那里有个地球人。

我们是来自元宇宙的星际探险家。为了早点抵达地球，我们在飞行的时候开启了瞬间移动的功能，看上去就好像一闪而过的流星一样。

你们好！请问你们刚才看到天上的流星了吗？

你说的流星就是我们。

欢迎来到地球！这里是我们美丽的家园，有蔚蓝的天空，宽广的大海，翠绿的草地，高耸的大树……

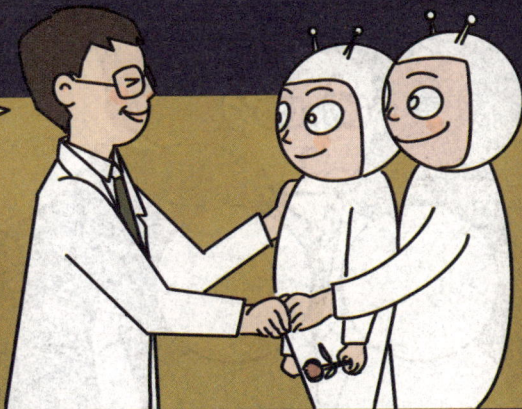

元宇宙与人类社会有很多相似的地方。每个处于元宇宙中的生命体都会被赋予一个代表身份的标签，比如老师、农民或者是国家领导人。

老师　农民　作家　科学家　工人

没错，而且每种身份都是可以根据个人的意愿随意切换的，也就是说，我们可以通过切换身份体验到不同的人生。

难以想象！人的身份怎么可能随便就更换了呢？这样一来人们不就都争抢着做大明星、大富翁了吗？

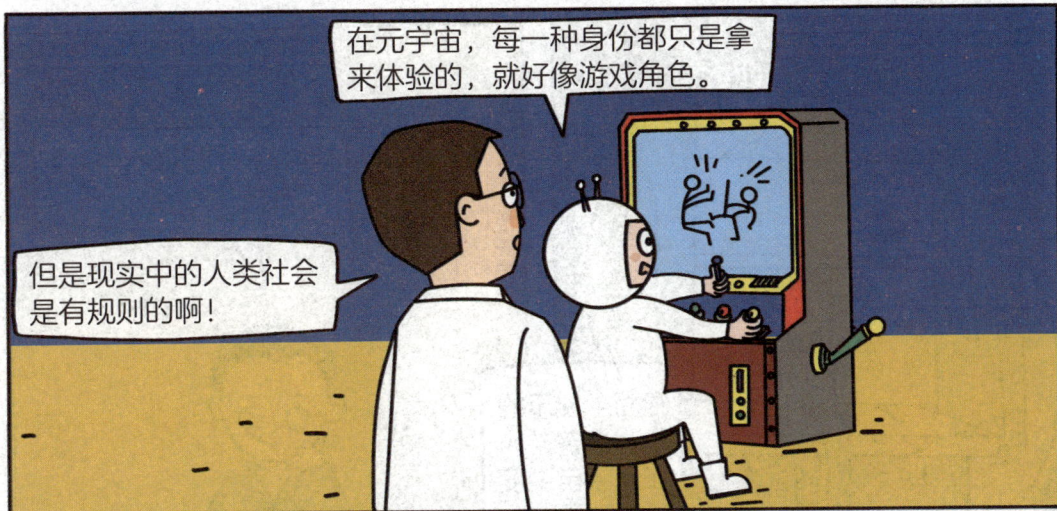

在激光笔的投影里，普通人第一次直观地感受到了元宇宙的世界。

画面中展示的是一个普通人在元宇宙中度过的一天。

美好的一天开始了！今天该体验什么身份呢？

前段时间体验了一回丛林探险家的生活，感觉特别刺激。这一次，就来感受一下做天文学家的乐趣吧！

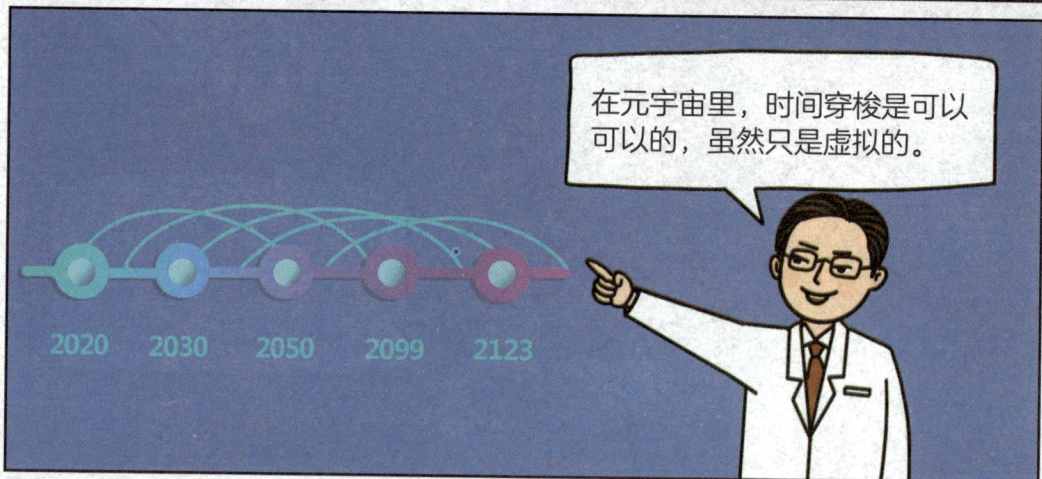

两个小朋友得知小R的身份后，好奇地向它打听起未来世界的事。

十年后，我们的科技发展得很好，我们可以在元宇宙实现很多事情。

小R，能给我们讲讲十年后的世界吗？

元宇宙不是一个星球，而是诞生于未来的一种新型技术。有了元宇宙，人类的生活方式将会发生巨大的改变。

什么是元宇宙？是类似于地球的其他星球吗？

在虚拟世界里，小R带着小V来到十年后世界。

在元宇宙里，只要输入想要游玩的地点，就会在光影技术的作用下自动切换成该地点的场景。

借助这项功能，还可以将元宇宙切换为健身房。

还挺方便的。

只要在系统里输入联系人的信息，就可以在元宇宙的虚拟空间内见到想要联络的人啦！

元宇宙又是怎样取代手机进行通信的呢？

太神奇了！可以再展示一下元宇宙的其他功能吗？

还有一项十分便利的功能，那就是在元宇宙中，购物不需要去商场。只要输入自己的身高、体重以及三围这些基础信息，就可以坐在家里选择适合自己的衣服啦！

元宇宙技术需要不断更新迭代，所以需要科学家们在这个领域不断研究。

为了攻克元宇宙这项具有划时代意义的高新技术，我和科研团队在这人迹罕至的大山里潜心研究好多年了。

小黑是宇宙大学的高材生，也是华老师的得意门生。

华老师，您在想什么？

你来我们公司工作的时间也不短了，每天早出晚归，取得了一些成就，但是还是有不少难题尚未攻克。

现阶段的元宇宙还只是一个概念，目前仍止步于 VR 眼镜和 VR 头盔这些装备上。

这些简单的智能装备暂时还无法让元宇宙的设想落地。作为一个高度真实化的虚拟空间，元宇宙还有许多瓶颈需要突破。

元宇宙

就在华老师与小黑交谈之际，天空中突然传来一阵轰鸣声。

什么声音？

快看，是直升机。

嗯？是谁呢？

是啊，奇怪了。

随着直升机的落地，一男一女走出了机舱。原来，他们是宇宙电视台的记者和摄影师。

华老师您好，我是宇宙电视台的记者，这次是专程来找您了解元宇宙技术的最新进展。

元宇宙的迭代技术，现在暂时还不能透露，请你们不要强行采访。

请不要误会，我们只是代表大家来表达一下对元宇宙的期待。毕竟，这项技术一旦问世将彻底改变人们的生活。

华老师被女记者的诚意打动，决定简单介绍一下元宇宙的现状。

元宇宙的这个设想虽然很吸引人，但现在却处于发展的瓶颈期。

观光团

市场应用问题，简单来讲就是，我们不知道未来还可以做什么，是观光旅游的工具，还是取代手机成为一种新型的通信设备？不得而知。

您认为，元宇宙现在还有哪些问题是需要突破的呢？

除此之外，数据安全也是一项十分棘手的工作。庞大的数据存量一不留神就会被数据小偷窃取。

我也有一个关于数据安全的疑问，在您看来，元宇宙在隐私保护方面存在哪些风险，我们又该如何应对？

元宇宙

需要加强数据加密和匿名化技术，同时建立完善的监管机制，确保用户数据不被滥用。

由于用户在元宇宙中的活动会产生大量数据，如何保护用户隐私和数据安全是十分重要的问题。

此路不通

看来，距离元宇宙从设想转变为现实还有很长的一段路要走啊！

是啊！外界都在幻想着元宇宙的美好，只有我们才知道这条路有多难走。

华老师这段话将女记者从对元宇宙的幻想中拉回到现实。

我们今天的对话并不是一次正式的采访，但却给我带来了很大的触动。

我也是，在来到这里之前，我从未意识到，我们如今的便利生活是依靠科研工作者们夜以继日的工作换来的。

谢谢你们的理解，虽然眼下我们还有许多的困难要克服，但我相信，这些困难都只是暂时的，终有一天，我和我的团队会让元宇宙的设想成为现实。

V博士工作压力过大，经常做噩梦，梦到有人拿着刀在催他赶紧把元宇宙落实到社会生产当中。

元宇宙有无限可能性，所以它的研究也变得复杂，犹如无底洞。

啊！元宇宙还有很多东西需要我去探索。

本来有些东西是现实没有的，但是可以根据用户的喜好设计出来，这也是元宇宙世界让人感觉到神奇的地方。

小朋友站在窗前，脑海中满是对元宇宙世界的好奇。

就在小朋友被眼前的景象吸引时，一个声音将吸引了他的注意力，原来他已置身元宇宙的场景当中。

你是谁啊，为什么会出现在元宇宙里？

兔子居然也会说话？

小朋友从元宇宙世界回到现实世界（走出元宇宙体验场），跟现实中的"小白兔"取得了联系，他们成为了好朋友。

苏菲，现实世界里你的发箍有点像兔子的耳朵。

是的，我很喜欢兔子，所以穿着打扮都有兔子的影子。

元宇宙太好玩了，下次我还要去玩。

我也觉得好玩。谢谢V博士给我们创造了一个好玩的世界。

炒作让我的热度飙升

自从 V 博士提出元宇宙的概念，有两个代号为"猎鹰"和"白狼"的投资骗子就盯上了这块大蛋糕。

自从我将元宇宙的设想公布出来，好多人都想要借这个机会捞一笔钱。

元宇宙可是个赚钱的好机会。

没错，好好包装，一定能吸引不少人投资。

怎么才能包装好这个话题呢？

这个简单，找人炒作不就好啦！

当人们陶醉在美梦中时，两个骗子趁机鼓动大家投资。

大家的愿望都可以在元宇宙中得到满足。

现在，只要凑够启动资金，就可以打开通往元宇宙的大门啦！

启动资金

我还有压岁钱。

我可以把退休金捐出来。

这个月的工资刚发下来，我都投到元宇宙里吧！

大家都冷静冷静。元宇宙现在更多是一种概念，实现的技术尚未成熟。千万别被一些人的炒作手段给蒙骗啦！

糟糕，事情败露了。

快逃吧，等大家明白过来就晚啦！

40

未来，元宇宙技术发展成熟后，它不仅能创造出人的形象，还能仿真出人的思维，跟我们一起生活。

太好啦！我的研究终于取得了突破！

咳咳，这是哪里啊？

这么大的烟，呛死了！

叔叔你好！

你是谁啊？

元宇宙世界的小朋友，你们好，欢迎你们来到人类的世界。

科学家带着两个元宇宙分身来到人类的世界。他们在帮助人们的同时，也不小心惹下一些麻烦。

我的腿受伤了，这节体育课你们上自习吧！

好想上体育课啊！

老师，我可以化身体育老师带领大家上课。

哇，好酷啊！

想不到元宇宙虚拟出来的体育老师居然比真人还要帅。

43

改变未来的前沿科技

09 自动驾驶

彭麦峰 著　一本书文化 绘

天津出版传媒集团

天津科学技术出版社

目 录

大家好，欢迎来到自动驾驶世界。在我的世界里，人们的出行将变得非常安全和便捷。

每天清晨，人们不必急匆匆地开车上班，只要舒舒服服地坐在车内，就能到公司门口。

路上不会堵车，因为我们自动驾驶汽车之间会进行实时交流，随时制定最为便捷的绕行路线。

我要转弯，请注意避让。

交通事故不再发生，因为我们有"千里眼""顺风耳"，能提前避开危险。

人们也不用为停车而发愁，我会自动快速、安全地停好车。

犯罪分子别想乘坐自动驾驶汽车逃跑。

你被包围了！

因传统汽车尾气排放造成的空气污染，将会大大减少。

小朋友们快上车，我们今天的目的地是游乐场！

可是，没有司机，我们怎么看路呢？

自动驾驶汽车通过环境感知系统来辨别周围的环境信息。

环境感知系统中包含很多传感器，比如激光雷达、超声波传感器等。它们就像汽车的鼻子、耳朵。

单一传感器只能测量目标的某个方面或者某个特征。

自动驾驶汽车采用多个传感器，能同时测量目标的多个方面，并对所测得的数据进行处理。这样它就能像人类一样综合判断周围的环境信息。

这些都是你的探测器官吗？

别忘了，我还有一双无敌的"眼睛"呢！

当然了，正是这些传感器互相合作，我才能更好地看路，保证出行安全。

3

系好安全带，我们出发了！

放心吧，我早看到了！我们现在和大卡车的距离是53米，正在避让中！

小心！前面有一辆大卡车！

自动驾驶汽车主要通过雷达等测距传感器感知周围环境。通过测量电磁波往返发射点与目标之间的时间，来确定目标的位置。

自动驾驶汽车还是一位动态测量大师，它除了可以感知周围环境外，还可以测量自身位姿信息，主要包括车辆自身的速度、加速度、倾角、位置等信息。

好神奇！

要是我也有这个能力就好了！

小朋友们，我们到站了！祝你们玩得开心！

游乐场

售票

咦？我记得去动物园是要右转的呀！

爸爸，我们走错路了吗？

自动驾驶汽车还是一位"规划师"，能根据起点和终点规划出行路线，并能依据道路信息选择合适的出行路线。

原来是这样啊！

动物园

线路一：
用时 15 分钟

线路二：
用时 25 分钟

右转和直行都可以到动物园，系统监测到右转后道路拥堵，所以选择了直行！

好厉害呀！

人们经常会遇到复杂的路况，但是有了自动驾驶汽车，情况就变简单了。它会根据实际的路况做出分析和判断，从而控制车辆运动，减少道路拥堵。

我会的可不止这些！

自动驾驶汽车的"大脑"是非常强大的人工智能系统，工程师在其"大脑"中内置了许多算法。

当自动驾驶汽车通过敏捷的"眼睛"感知到周围环境后，"大脑"就会飞快地运转，选择适合当前交通环境的驾驶方式。

爸爸妈妈，我觉得自动驾驶汽车好像一个厉害的大脑！

动物园

动物园到了，祝你们玩得开心！

大家好，为了保障人们的出行安全，我们上岗前都会经过一系列严格的检测。今天我就来给大家展示一下！

好了吗？我肯定没问题的！

不要着急，我需要认真检测！

硬件安全是自动驾驶汽车安全行驶的基础。硬件安全主要指车载传感器、车载芯片、执行器等实际部件的安全性。

自动驾驶汽车的安全性主要包括：硬件安全、软件安全和网络安全。

8

我通过了吗？

自动驾驶系统

软件安全主要是指自动驾驶汽车"大脑"的安全性。软件是否安全决定了自动驾驶汽车能否在复杂的行车环境中进行独立运算并发出行动指令。

自动驾驶汽车的"大脑"需要在硬件安全的基础上发挥作用。只有在硬件正常的情况下，自动驾驶汽车才能收集到行车数据，并在分析后给出转向、加速、减速、停车等指令。

软件安全检测通过！

网络安全检测通过！

在联网状态下，自动驾驶汽车能够获得更多的环境信息，从而进一步提高车辆在行驶中的安全性。网络安全是指在网络攻击下，自动驾驶汽车的驾驶功能不受影响。

硬件、软件、网络安全检测顺利通过！

大哥，这车我们无法侵入，要不要换一辆？

无法侵入

随着自动驾驶汽车外部接口的不断丰富，黑客的攻击路径也不断增多。网络安全需要抵御黑客的非法入侵，避免信息泄露、车辆控制系统被操控等。

哈哈哈，顺利通过检测了，我可以上岗了！

小朋友们，我是自动驾驶汽车。我在成长的路上，得到了很多人的帮助，我今天要把我的成长故事讲给大家听！

20世纪80年代，卡内基梅隆大学、斯坦福大学、麻省理工学院等，先后开始了对自动驾驶汽车的研究。

1925年，我就在美国亮相了。

那你都是个老人了！

比我爷爷年纪都大呢！

哇，好早啊！

自动驾驶汽车的感知系统可以帮它避开障碍物、准确定位，确保安全灵活地行驶。

你还要学习什么呀？

哈哈，别看我出现得早，我依然需要不断地深度学习！

时代在进步，你们在学习新知识，我也需要不断学习呀！我的"眼睛"需要不断完善，这样就可以更灵敏地感知周围的环境了！

我的"大脑"也需要不断学习，这样我在遇到复杂的路况时，就能更好地选择驾驶行为了！

12

自动驾驶汽车还要不断完善转向、加减速等功能，同时提高环境感知、高精度定位、决策规划以及运动控制等功能。

除了我的"眼睛"和"大脑"，我的安全性、舒适性也需要不断优化！还有，我要不断学习，保护自己不受黑客攻击！

真的要学好多啊！

我们也在学习科学文化知识，以后可以更好地建设祖国！

我和你们一样，需要不断学习！学习让我变得更加强大，也让我能够更好地为人们服务！

大家好，今天我来给大家讲讲我在生活中的大作用！

我从根本上改变了人们的出行方式，使人们的出行更加智能化！

这点我不同意，你说改变了人们的出行方式，但你能带乘客去的地方，我也能带乘客去啊！

自动驾驶汽车可以24小时随时待命，出行过程中的安全性也会大大提高。

别着急，听我慢慢说。我可以提升人们的出行效率。

我还可以提升道路交通安全水平！

对对对！

自动驾驶汽车不需要人的参与就能安全地行驶。这样能避免一些人为因素导致的交通事故，比如驾驶员分心、超速、酒后驾驶、鲁莽驾驶等造成的事故。

自动驾驶汽车的广泛使用可以在很大程度上缓解城市交通拥堵的问题。

一方面，自动驾驶汽车可以快速了解拥堵情况，及时调整路线。

另一方面，自动驾驶汽车可以根据实时路况，动态使用潮汐车道。

我还可以缓解城市交通拥堵问题！

15

自动驾驶汽车催生了一批新的产业链，创造了大量的就业机会。

我也想说几句，我们老了，不能继续开车了。有了自动驾驶汽车，我只要坐到车里，就能去我想去的地方，真的是解决了我的大问题啊！

我是一位自动驾驶汽车的算法工程师，感谢自动驾驶汽车给我提供了就业的机会。

谢谢大家，我们还会继续努力，为人们的出行和生活带来更大的便利！

啦啦啦——，我是自动驾驶汽车，我是无敌的小可爱……

你好啊，小朋友！

哇，爸爸你看，那辆车好酷啊！

糟糕，出故障了，果然不能太得意……

你好，这里有一辆自动驾驶汽车出现故障，需要支援！

自动驾驶汽车出现问题，很容易引发交通事故。

是硬件故障！

是啊，天气不太好，网络信号不稳定，传感器就容易出问题，让汽车没办法正常行驶。

啊，好痛！

攻击成功了！

快，黑客又入侵了！

检修完成

快救救我的车！

真羡慕你啊！

黑客侵入自动驾驶汽车系统，也会导致汽车无法正常行驶。

硬件更换成功，检测通过，可以继续行驶！

出站口

好贵！

您好，您的维修费用一共是 28 300 元！

自动驾驶汽车配备大量新型传感器，需要经过长期研发及测试，这就使得自动驾驶汽车初期的维护成本很高。

真希望随着科学技术的发展，我的维修成本会不断降低，稳定性会越来越好！

是谁阻碍了我的发展

大家好，今天把大家召集起来，是想讨论自动驾驶汽车未来的发展！

经调查，我们发现人们对自动驾驶汽车的理解并不深，还有人表示并不信赖自动驾驶汽车。

我最关注自动驾驶汽车的安全性，会不会出事啊？

近年来，有关自动驾驶汽车安全性的问题引起了广泛讨论。

的确，如果要大规模发展自动驾驶汽车，首先需要得到人们的认可。

当自动驾驶汽车发生交通事故时，汽车拥有者需要承担多大的责任？这方面的法律还不成熟。

一些伦理和法律问题也影响了自动驾驶汽车的普及。

李律师

道路交通安全法需要进一步完善。

李律师   王律

道路交通安全法首先需要明确规定什么道路允许自动驾驶。

说到道路交通，我们需要对道路进行全面升级，满足自动驾驶汽车的出行。

2022 年 8 月，武汉经开区启动自动驾驶商业化试点运营。

为了支持自动驾驶汽车行驶，这里的道路进行了升级改造。

国家层面的大力支持是自动驾驶汽车顺利开展道路测试的关键。

相信随着自动驾驶技术的发展，这些问题也都会慢慢得到解决！

现在我们来到了硬件制造基地！

对，在这里！

看，这是传感器！

随着自动驾驶汽车的发展，道路交通、事故责任等方面的法律都需要不断进行完善。

关于道路交通安全法的提案

我们小点声，不要打扰到他们的工作！

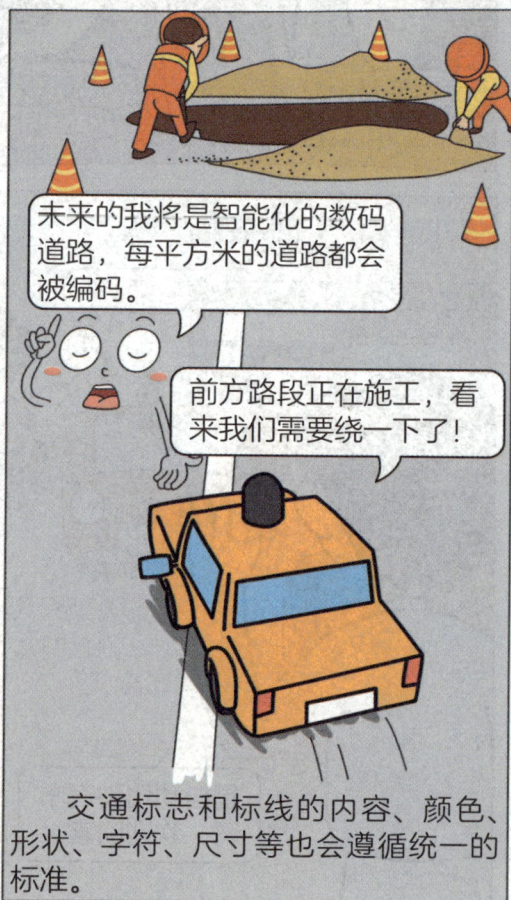

未来的我将是智能化的数码道路，每平方米的道路都会被编码。

前方路段正在施工，看来我们需要绕一下了！

交通标志和标线的内容、颜色、形状、字符、尺寸等也会遵循统一的标准。

接下来入场的是自动驾驶汽车代表队！他们气宇轩昂，势在必得！

国际驾驶比赛大会开始了。

请各位运动员做好入场准备，我们的比赛马上就要开始了！

观众朋友们，大家可以看到，我身后马上要进行的是驾驶定位比赛！

常用的自动驾驶定位技术包括：卫星导航定位技术、航迹推算、惯性导航技术、路标定位技术、地图匹配定位技术以及视觉定位技术等。

卫星导航系统由空间段、地面段和用户段三部分组成，在全球范围内实时提供高精度、高可靠性的定位、导航服务。

主人，放心吧，我的定位技术可以精确到厘米，测速精度高达 0.2 米／秒！

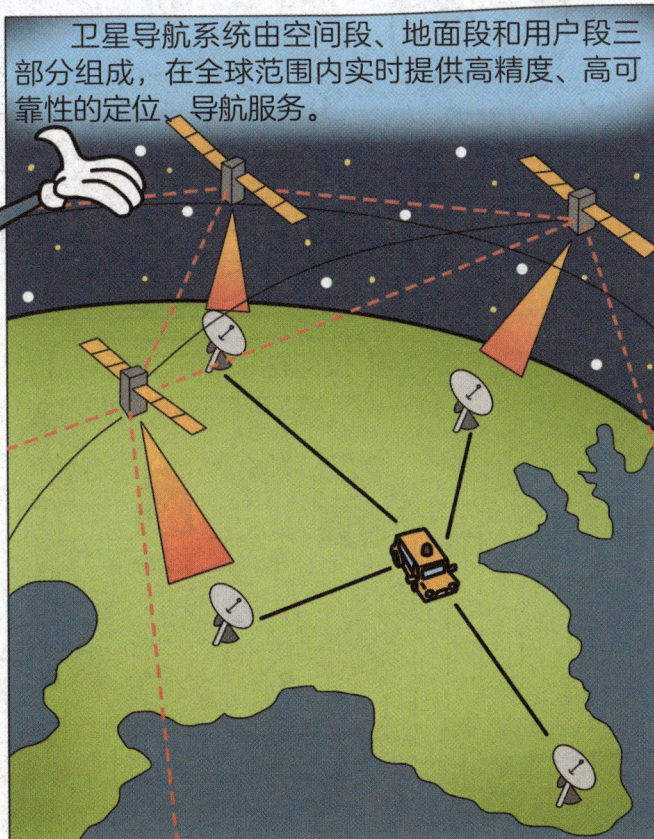

27

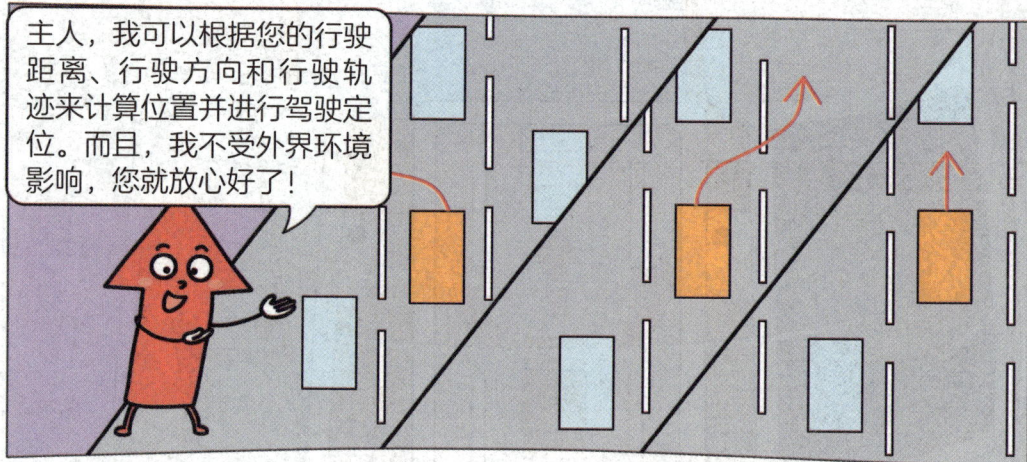

高精度定位技术在车辆精确定位、障碍物检测、碰撞避让、车速控制、路径规划等方面，发挥着重要的作用。

观众朋友们，我现在的位置是驾驶定位比赛的终点，让我们看看谁将是冠军！

谢谢伙伴们！大家通力合作，才有了我的精准定位啊！

团结就是力量！

请参加等级评定的自动驾驶汽车保持安静，我们会按报名顺序进行评定。

科研机构划分了6个自动驾驶等级——从0级（完全手动）到5级（完全自动）。

请叫到名字的同学进入等候区等待！

评定区

无自动化，0 级！

0 级汽车由人来完成驾驶任务，不能通过系统主动驱动车辆，所以不能算自动化驾驶。

那我们呢？

有单独的自动化驾驶辅助系统，能辅助调整方向，能自动加减速，1 级！

1 级是自动化的最低级别。

我就不一样了，我能自动转向以及加减速！

这有什么呀，我会的可不止这些！

前方车辆3级，后方车辆2级！

2级自动驾驶汽车能自动转向以及加速或减速，实现部分自动驾驶。
3级自动驾驶汽车具有检测周围环境的能力，能根据环境信息行动。

2级和3级自动驾驶汽车仍需要驾驶员，系统无法执行任务时，由人工操控。

4级自动驾驶汽车可采用全自动模式运行，但由于基础设施发展欠缺，它们只能在限定区域行驶。

这是今天的第一辆4级自动驾驶汽车！

5级自动驾驶汽车实现了完全自动驾驶，无须人类干预。目前，它正在世界各地的试点区域进行测试，尚未向公众提供服务。

谢谢老师，真希望自己能够早日达到5级！

今天的等级评定结束了，大家回家记得要多加练习，希望大家下次评定能够有所提升！

自动驾驶汽车分为6个等级，不同等级的自动驾驶汽车需要在相应的限制条件下上路行驶。

自动驾驶汽车博物馆

同学们，今天是你们入学的第一天，在学习各种技能之前，我们会先带大家熟悉自动驾驶汽车的发展历史！

老师，听说我们最早是出现在科幻作品里面，是这样吗？

你说的是艾萨克·阿西莫夫的小说。

艾萨克·阿西莫夫，美国科幻小说家。1953年，他发表了一篇名为《莎莉》的短篇小说，里面描写了2057年，一群具有"大脑"的"自动汽车"与主人之间的故事。

早在 1925 年，美国的一位工程师就通过无线电操纵汽车实现了"自动驾驶"。

这比科幻小说出现的时间还早呀！

建设明天的世界

1939 年，通用汽车公司在纽约世博会上，展示了其对自动驾驶汽车的构想。

1956 年，通用汽车公司正式展出了"火鸟二号"概念车，它形似火箭头，是世界上第一辆配备汽车安全及自动导航系统的概念车。

1977 年，日本的筑波工程研究实验室开发出了第一个利用摄像头来检测路况，实现导航的自动驾驶汽车。

20 世纪 70 年代，很多发达国家的大学研究室，都开始了对自动驾驶汽车的研究。

2004 年，美国研究人员成功让自动驾驶汽车穿越了一片沙漠。

穿越沙漠是自动驾驶汽车有史以来很重要的挑战。

同年，中国互联网公司自主研发的第一辆自动驾驶汽车，在开放高速路完成了自动驾驶测试。

2016年，国家首个智能网联汽车试点示范区在上海成立。2020年，百度自动驾驶出租车服务在北京全面开放，市民可在自动驾驶出租车站点免费试乘。

真是发展得太快了！

同学们，希望你们努力学习技能，早日走向社会，成为栋梁之材！

出口

我先介绍一下已经实现的应用场景。这是无人配送。

还有自动驾驶出租车。

我们近期正在围绕物流场景进行研发，主要是封闭园区物流和干线物流。

您好，这里是自动驾驶汽车产业基地，请问有什么可以帮您的？

请问自动驾驶汽车是否可以应用于无人环卫场景？

您好，无人环卫正在研发中，具体细节我们可以见面详细交流！

无人驾驶公交车的测试结果非常理想，相信很快就可以运用到商业领域中了！

自动驾驶汽车可以应用于无人配送、自动驾驶出租车、封闭园区物流、干线物流、无人公交车和无人环卫等。随着技术的成熟、政策的完善，自动驾驶汽车的应用将逐步拓展到各个领域。

无人配送

自动驾驶出租车

封闭园区物流
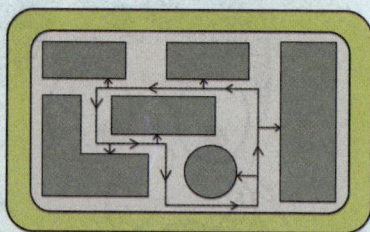

无人公交车

无人环卫

干线物流

那些支持我的朋友们

最近我要去拜访一下老朋友们！感谢他们的支持！

日程表

我的第一站是学校，我是从学校实验室走出去的！

实验室　教室　教室

老师好！我来看看您！

实验

是自动驾驶汽车啊，欢迎回家！

45

研 发 间

制造基地是完整车辆的生产地点。

这是我的第三故乡，我就是在这里被批量制造出来的！

快看，组装完成后我们会变得如此炫酷！

制造基地

这次的拜访之旅就要结束了，感谢支持我的朋友们，我因为有你们而变得更加美好！

目前，自动驾驶汽车行业尚有较多的技术壁垒需要突破，但总体行业规模增速较快，前景广阔。

改变未来的前沿科技

08 新型材料

彭麦峰 著　一本书文化 绘

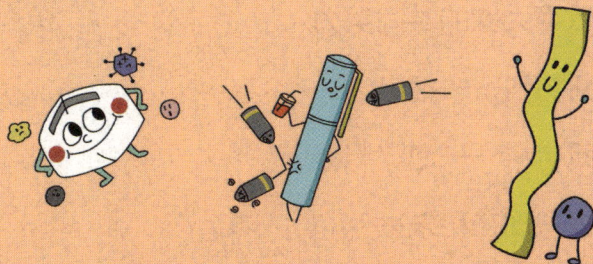

天津出版传媒集团

天津科学技术出版社

目 录

生活中遍地都有我的身影

大家好，我是新型材料。我的出现大大提高了人们的生活水平。

我能利用静电吸附病毒、粉尘、飞沫等较大颗粒。

抵御传染病时，人们佩戴口罩。人们也戴口罩防止花粉过敏。口罩内部的熔喷布就是用新型材料聚丙烯制成的。

厨房里备受欢迎的不粘锅用具，其不粘涂层主要就是用一种新材料——特氟龙制成的。

1

传感器是目前很多电器中常见的电子元件，它使机器有了"感知"，它就是用新型材料半导体或敏感陶瓷制成的。

超导磁悬浮列车，使用了超导金属材料，这种新型材料在特定条件下，电阻完全消失，而且还具有完全抗磁性和载流能力强的特性。

有一种新型的缝合材料，是经过化学处理的化纤缝合线。使用时不用缝针，像贴膏药一样贴到伤口处就可以了，非常方便。

高楼大厦外面的玻璃幕墙，透光不透热，就是由一种新型玻璃材料制成的。

我为什么叫"新型材料"呢？那肯定是跟"旧"材料相比较而言的。我们材料界的成员，种类繁多，五花八门，跟我一起去了解一下吧！

新

五彩缤纷的材料世界

欢迎来到最神奇新材料评选大会！看，选手们已经来到了大会现场！到底谁是最神奇的新材料，我们拭目以待！

最神奇新材料评选大会

我最神奇，没有我，你们的电脑都造不出来！

我最神奇，没有我的话，人类就不会有更好的房子！

我最神奇，没有我，电脑造出来也不一定有电！

我最神奇，没有我，电脑里的芯片，你们才做不出来呢！

本场比赛第一个环节是抽签，谁抽到几号，就第几个介绍自己。最终由观众选出最神奇的新材料。抽签结果出来了，现在有请1号选手——电子信息材料上台演讲！

哈哈哈，我们电子信息材料，可是一个厉害的家族。比如光电子材料吧，就可以造各种电子元器件，比如电脑元器件、手机配件、电子手表配件……

啊，我一兴奋差点给忘了。请我的搭档——光电子小姐闪亮登场！

说了半天，你还没说到底什么是光电子材料呢！

大家好，我是光电子。告诉你们一个秘密，光不仅是一条线，而且是由许多小颗粒组成的线。科学家就是利用光这样的特殊属性，发现了我的用途。利用我传递信息的速度非常快，说到这里，非常感谢我的搭档——光纤先生。

除了传递信息，我还可以帮助人类探测神秘的未知世界。但要做到这一点，就需要半导体做成的光电子探测器帮助我。在这里，我也向半导体先生表达真挚的感谢。

谢谢大家的热烈掌声。接下来，请允许我用PPT向大家介绍自己，哦，对了，请注意，这个投影幕布的材质，正是一种复合材料。

感谢电子信息材料和光电子小姐的讲述，接下来请2号选手——高性能复合材料上台演讲。

复合材料是指把两种或者更多不同的材料，通过物理和化学方法，组成一种具有新功能的新材料。

就像我用西红柿和鸡蛋炒菜，炒出来的菜，味道却与生西红柿和生鸡蛋都不一样，就是一道新菜了。

光电子小姐这个比喻非常妙，如果把西红柿换成金属材料，鸡蛋换成非金属材料，炒菜的过程看作合成过程，新材料就是这样诞生的！

女士们，先生们，你们好。

酷！新能源好帅啊！

传统材料的不足之处

唉……
航天飞机需要又轻又防火的新外壳，我们怎么找到更好的材料来制作呢？
所长，你怎么啦？
航天研究中心的老所长为了制造航天飞机苦恼，什么材料适合呢？助手建议，通过实验试试各种材料。
32.82m
37.24m
14.12m
传统材料
行，我们看看材料的实际表现吧！
我建议，先从应用最广泛的材料里来寻找，把传统材料拿来试一试。
沙漠航天飞机试飞基地
哎呀，钢铁太重啦！航天飞机掉下来了，快跑啊！
钢铁作为传统材料，虽然很好找，但是实在太重了，咱们必须找到轻便一些的材料，做航天器的外壳。
用木头试试吧，这是我特地找到的结实的木头，比钢铁轻多了。

沙漠航天飞机试飞基地
木头着火了，快跑啊！
传统材料的代表就是金属材料——钢铁，非金属材料——木头，都无法满足外壳的需求。我们需要既坚固，又轻便防火的新材料。
喂，您好，我找科学大学材料研究员刘博士。
专门研究材料学的刘博士是精通各种材料的专家。
刘博士您好，我们在寻找制造航天飞机外壳的材料，它需要又轻便，又耐高温，又坚固，请你帮帮我。
传统材料的不足很明显，比如钢铁太重，木头又容易着火，都达不到制作航天飞机的要求。要解决这些问题，必须使用质量轻、不容易着火的新型复合材料！

刘博士，新材料有这么多作用，您怎么还说它不是万能的呢？

新材料是新的领域，它的发展离不开科学和社会的支持。就拿光刻机来说，制造它就是很困难的事情。

光刻机是什么？

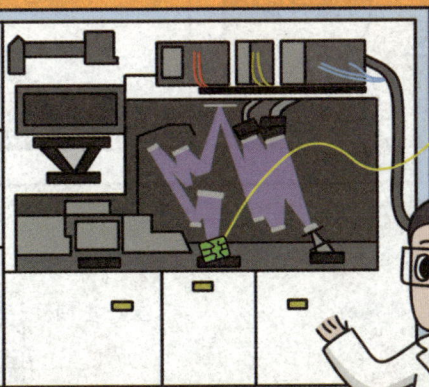

光刻机是制造芯片的核心设备。没有光刻机，想制造电脑和手机，就必须依靠其他人的帮助。

制造光刻机，与新材料有什么关系呢？

光刻机就是利用光学原理，来制造东西的机器。光刻机的镜面，不能用一般的镜子，必须使用新型复合材料。

11

没有那么简单，这个实验除了需要很多资金投入，还需要找到最合适的原材料。

那只要加大投入，使劲研发不就可以了？

从前，有公司经过很多实验，最后尝试用钼和硅混合成新材料，制造特殊镜面，可是还是达不到要求。

当然不是，镜面只是光刻机一个很小的部分，想制造光刻机，需要完整的产业链。其中任何一环节出问题都不行。

总之只要解决镜面问题，就可以制造光刻机了吧？

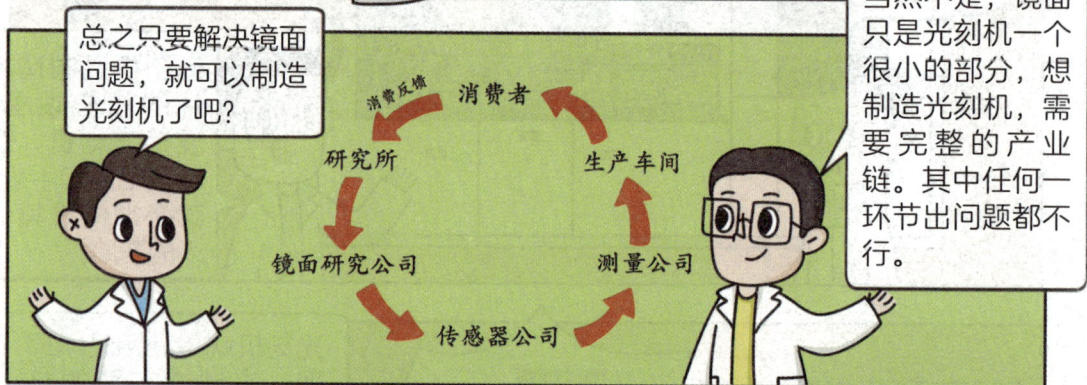

消费反馈　消费者

研究所　　　　　生产车间

镜面研究公司　　测量公司

传感器公司

哎呀，这么看来，这还真是一个复杂的系统啊！

是啊，新材料有很多用处，但是想真正在现实生活中发挥巨大的作用，还需要大家的努力！

小朋友，你愿意从现在开始探索学习科学知识，长大后帮助刘博士解决新材料的难题吗？让我们一起加油吧！

钼是一种金属元素，硅是非金属元素。钼和硅在新材料研究中的合作像一对好朋友，共同推动着材料科学的发展。

我们要努力啊。

可不是嘛。

目前，新材料的发展正面临着诸多难题，包括技术问题、市场接受度问题以及设备制造和维护问题等。

刘博士帮助研究所成功研发了航天飞机，之后就回家了。这天夜里，刘博士躺在床上，怎么都睡不着。

哐哐哐……哐哐哐……

大半夜的，怎么还在装修，声音那么大，我可睡不着了！

对了，听说王老师在研究一种叫泡沫铝的新材料，隔音效果非常好。如果用它做装修材料，就不用担心噪音问题了。不如我明天找王老师要一些泡沫铝吧。

王老师是一位 50 多岁的女教授，是大学里冶金系的老师。

刘博士在噪音中勉强睡了一晚，这天一大早，他就来到了办公室。办公室里，王老师已经到了。

王老师，我们家楼上最近装修，听说你们实验室最近研发了一种新材料，叫泡沫铝，隔音效果非常好，不知道可不可以借我一些，用来装修墙体？

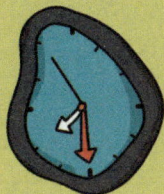

小刘，你怎么看起来一晚上没睡好呀？

实验室制造的泡沫铝不多，还有其他用途，如果你需要的话，咱们需要动手再做一些。

王老师带刘博士来到了本市最先进的金属冶炼实验室。

那太好了，咱们现在就开始吧！

现在做不了，因为这个实验室的实验装备，达不到要求，想做泡沫铝，必须有更先进的设备。

哇，这个设备看起来很先进啊。

看，这是最新研发的泡沫铝熔炉，要做泡沫铝，必须用到这个设备。

15

先进的不只是设备。最开始研发泡沫铝，是由于航天和军事需要，这两年泡沫铝才逐渐应用在建筑领域。如果没有科学技术的整体发展，就像泡沫铝这样的新材料就不会被人发明。话不多说，咱们开始制作吧！

好嘞！

泡沫铝的主要材料是金属铝，在铝熔化以后，向里面加入一些非金属添加剂，然后通过发泡工艺制造而成。泡沫铝看起来像泡沫，所以被叫作泡沫铝。

刘博士用泡沫铝装修了房屋的墙面，从此再也没受到过噪声的干扰。

哈哈哈，终于可以安静啦，可以好好睡一觉咯！

其实，正如泡沫铝一样，众多新型材料的发展都依赖于科学技术的发展。

刘博士为了更好地规划自己的未来，他决定研究一下新材料的发展趋势。

新材料正在加速创新阶段，国际技术、资本、人才领域有了越来越多的深入交流。

随着制造业升级和新兴产业的崛起，新材料的市场发展越来越好了。

据我分析，航天技术、生物医疗、电子信息等领域，对新材料的需求越来越迫切。

随着产业优化，新材料的上游制造业越来越完善，以后会有更多神奇的新材料被制作出来。

尽管新材料的前景很好，但目前也有一些挑战等待解决。

国际市场中，各大国企业围绕新材料的竞争，将会越来越激烈。

我该去哪里呢？

加上部分国家贸易保护主义的出现，对新材料的发展产生了严重阻碍。

未来，我应该从事哪方面研究呢？

其实，我们应该尊重市场的规律，让新型材料技术和使用新型材料的产品自由流通。

当然了，新型材料的使用，也要符合环境保护的要求，这样的新型材料才是对我们有价值的。

这天，刘博士来到实验室，看到王老师手里拿着一个东西。

王老师，您拿的是什么？

这是一块石墨烯，咱们今天来测试石墨烯的性能。

好嘞。

第一项测试：硬度之王大比拼。小刘，你帮我拿一块实验室最硬的钢铁过来。

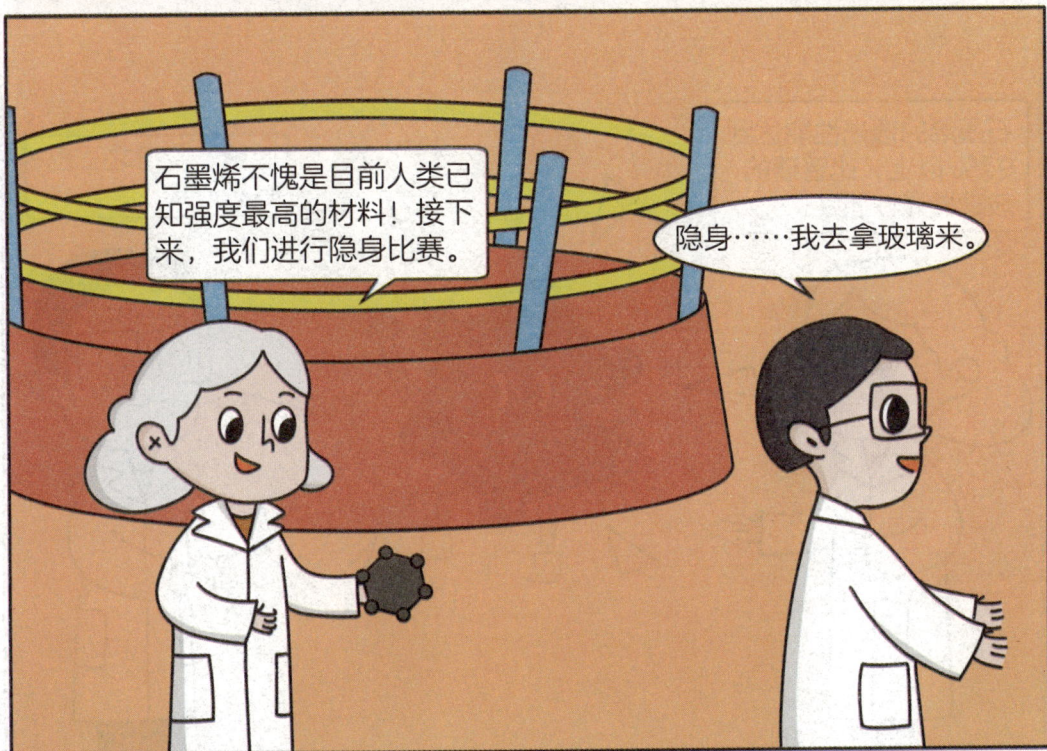

隐身之王大比拼
嘿嘿，我在这呢！
看不见我，看不见我……咦，石墨烯呢？

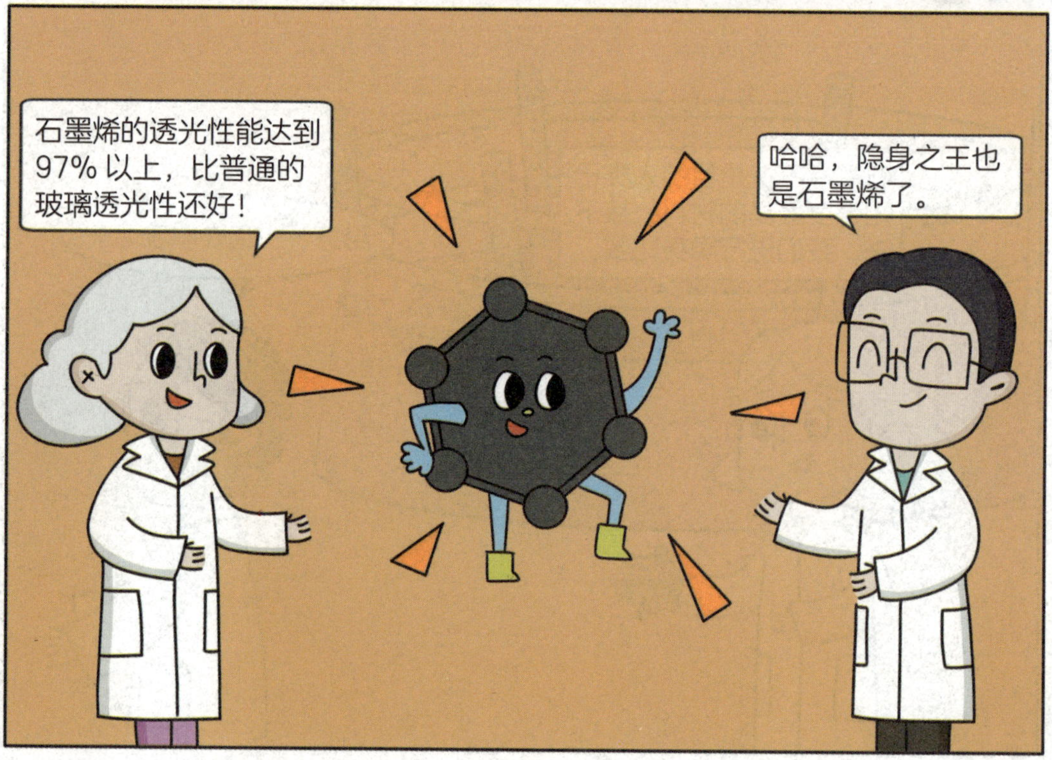
石墨烯的透光性能达到97% 以上，比普通的玻璃透光性还好！
哈哈，隐身之王也是石墨烯了。

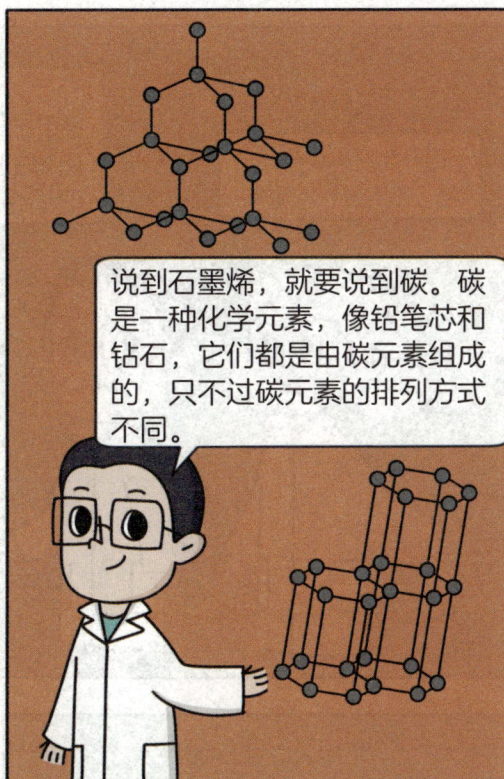

我的未来依靠大家的共同努力

一天早晨，王老师和刘博士正在实验室忙碌，突然，一个花白头发的大叔气呼呼地走进了实验室。

您是？

爸，您怎么来了？

你快和我回家！

原来，这位大叔就是刘博士的父亲——老刘。他为什么会来实验室找刘博士呢？

刘先生您好。您来这里找小刘，有什么事情吗？

老师您好。我知道小刘在研究新材料，可是家里的瓷器厂，也要有人管啊！

哼，我才没听说过什么新材料瓷器，我们家的传统瓷器就是最好的！

说到瓷器，有一种新材料瓷器，您听说过吗？

新型陶瓷和钢铁，可以用来制作坦克的外壳，有很好的防弹作用。

新型陶瓷有很高的硬度和强度，可以用来制作刀具、磨具、钟表轴承等。

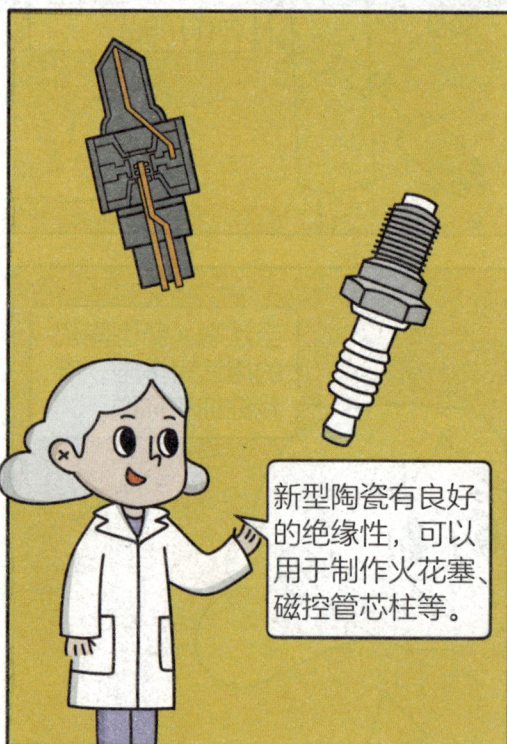

新型陶瓷有良好的绝缘性，可以用于制作火花塞、磁控管芯柱等。

新型陶瓷有良好的耐热性，可以用于制作炉膛、炉管和耐火砖等。

王老师和刘博士开车出门，路上发生了一些意外。

别担心，前面 500 米处有充电桩。

哎呀，车子快没电了。

新能源汽车的电池，是什么材料呢？

是锂电池

锂电池的工作原理是什么呢？

锂电大厦

锂电池的工作原理，就像人们上班一样。锂电池就像一座大厦，里面有很多小电池，就像大厦里有很多个房间。

每一间房间，就像家和公司。电子就像上班族，总是从一端走向另一端。

你们快点出来，咱们要上班啦。

黄色一端是铜箔表面，这里有阴极，相当于电子的家。充电时，电子都从这里出发。

银色一端是银箔表面，这里有阳极，相当于公司。

这一层透明的东西是什么？

这是隔膜。如果没有隔膜，电池正极和负极直接连接的话，很容易短路。

有了这层隔膜，电子就会陆续到达正极，电池就不会短路了。

哎呀，咱们的墙怎么裂开了？

一定是楼上实验室的水龙头没有关好，水渗到咱们这一层了。

如果有不会一渗水就裂开的墙体材料就好了。

你说的材料还真有，就是——发泡混凝土。

别担心，发泡完的混凝土的外观与普通的混凝土很像，但是性能就好多啦。

发泡？发泡完还是混凝土吗？

发泡混凝土有什么特别的地方吗？

这是一种新型节能环保墙体材料，密度低，质量很轻。

发泡混凝土保温隔热性能好，热阻为普通混凝土的10~20倍。用发泡混凝土做墙体，屋子里就可以冬暖夏凉啦！

哎呀，突然觉得好冷。

差点忘了，您刚才说，发泡混凝土还防水？

因为这种材料吸水率比较低，内部有相对独立的封闭起泡及良好的整体性，所以具有一定的防水性能。

材料的过去、现在和未来

在人类文明发展的进程中，材料经历了不同的发展阶段。

旧石器时代，人们最先使用天然材料。原始人用不同的材料制作衣服。

我的绿色草裙怎么样？好看吧！

我还是觉得我的豹纹短裙比较好看。

土豆熟了，快过来吃饭吧！

房子盖好了！

原始人还学会用木头盖房子，用石头做饭。

新石器时代，人类利用火制造出更多材料，比如陶器。

老头子，你手里拿的是什么东西？

这是一个陶罐，可以用来保存小麦种子。

铁器和铜器等金属材料，逐渐登上了历史舞台。青铜器可以用来做酒杯、食碗和乐器。

冷兵器时代，皮革、青铜、钢铁等材料，被用在生活和战争中。

把不同的金属混合在一起，控制好成分含量，会发生什么变化呢？

20 世纪初，物理学和化学两门学科有了很大的发展，出现合成材料。新材料登上历史舞台。

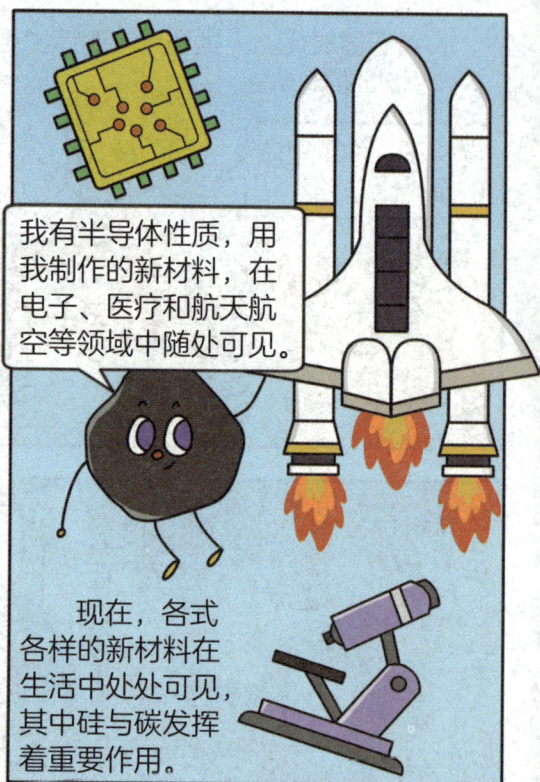

我有半导体性质，用我制作的新材料，在电子、医疗和航天航空等领域中随处可见。

现在，各式各样的新材料在生活中处处可见，其中硅与碳发挥着重要作用。

我有优良的力学、电学和热力学性能，不仅在日常生活中发挥着作用，更是运载火箭、核反应堆等重点领域的关键材料。

改变未来的前沿科技

07 通信

彭麦峰 著　一本书文化 绘

天津出版传媒集团

天津科学技术出版社

目 录

大家好，我是目前最先进的通信技术。我让大家的交流变得越来越便捷了，将来我还要实现万物互联。

这么多天还没回信！

以前，人们通过写信的方式与远方的人交流。

后来有了固定电话，人和人之间的交流方便了很多。

新通信

到现在，手机成为人们随身携带的物品。

随着网络的快速发展，现在视频通话成了司空见惯的事。

除了人和人的交流，人和物之间的互动也更加方便。

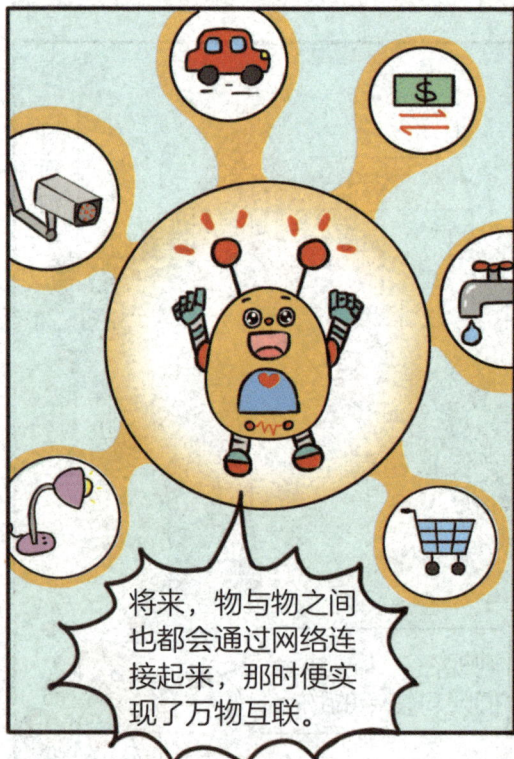

将来，物与物之间也都会通过网络连接起来，那时便实现了万物互联。

万物互联，是利国利民的大事，什么样的网络才能做到呢？

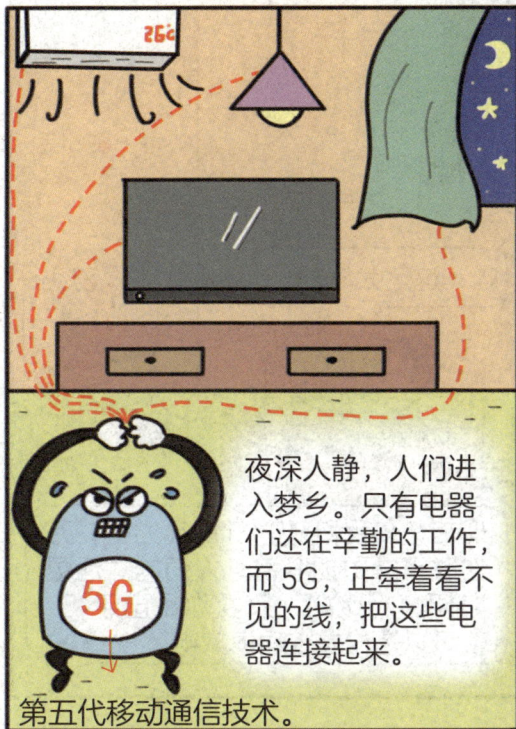

夜深人静，人们进入梦乡。只有电器们还在辛勤的工作，而 5G，正牵着看不见的线，把这些电器连接起来。

第五代移动通信技术。

我的出现，让大家的上网速度更快，也可以连接更多的机器朋友。

咦，怎么没信号了？

但我有时候也很容易撞墙。

大家好，我喜欢分享，大家都可以使用我的网络，欢迎加入我！

而我有个好朋友，叫 Wi-Fi。

无线局域网

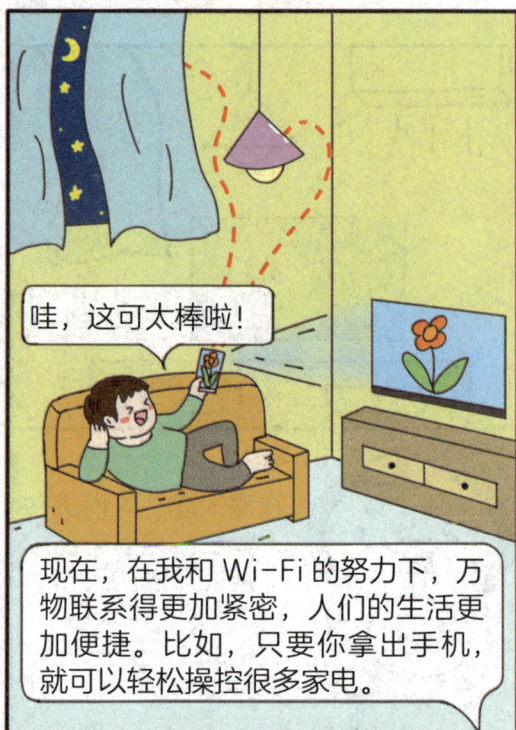

手机是如何连接互联网的

手机是大家每天都会用到的东西，那大家知道手机是如何连接到互联网的吗？

咦，怎么没网了？

手机连接互联网，主要是依靠一个叫作基站的设施。

5G

平时我长得像一座高高的塔，其实那不是我的全部，塔底的小房子才是我最重要的大脑。

在城市里的我，可以变成各种各样的样子，比如大树（假）、灯塔、不同的小房子，躲在城市的各个角落里。

5

虽然大家很少见到我，但却常常用到我。我头上这个叫天线，像一块长方形的积木，可以接收手机发来的信号。

这个藏在天线背后的小盒子，可以收集手机发来的信息，再传给我的大脑，保留下来。

再把这些信息送到小盒子，重新转化为信号，就可以通过天线无线发射到手机上，大家就可以上网了。

也就是说，基站一个增益相对高的天线在不停地接收手机发出的微弱信号，把有用的信号放大，让手机能接入网络。反向亦然，这样手机就能实现网络信号的收发功能了。

我们把网络比作一条公路，车辆比作信号，我们管它叫信号车吧。路面越宽，信号车行驶得也就越快。

不行啦，我要撑不住啦！

所以，带宽越大，信号也就越强。

如果道路不够宽敞，"信号车"太多，就会造成拥堵。

在一个空间里，如果连接网络的机器太多，那么很有可能会导致断网。

售票处

扫码付款

哎呀，我手机没网了！

在生活中，5G 网络带给我们很多的便利。可以更快上网，也可以连接更多的机器朋友。

我来让网速更快吧！

砰！

但其实，5G 也还只是个"小朋友"，也有着很多不会的东西，常常"好心办坏事"。

部分地区 5G 网络不够成熟，无法同时容纳很多连接，可能会面临断网的危机。

检验科

怎么断网了？

为什么网络无法刷新？

网好慢啊！

救命啊！我快撑不住了！

超能力变身！

所以，它需要升级。就像电影中汽车人变形一样，不断变化提升，变得更加强大。

5G升级需要足够的"能量"，就需要更多的基站。当基站变得很多很多时，网络就会变得很快，让更多人享受到便捷的通信服务。

基站就像一棵蒲公英，从一个地方生长开花，再乘着"降落伞"，到全国各地生根发芽。

5G升级还需要很多的电力。就像遥控小汽车需要电池一样，5G也需要充足的电力，才可以跑得快又稳定。

足够的电力使得基站的工作有序进行，源源不断地发射信号，让大家无论什么时候，都能使用网络。

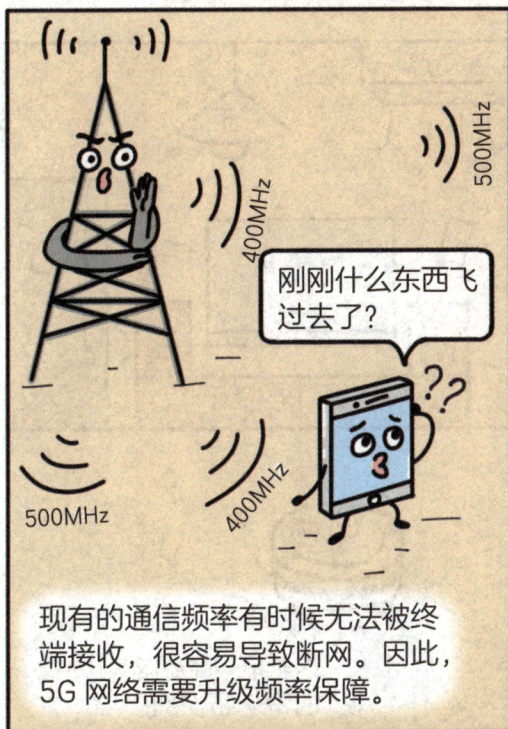

刚刚什么东西飞过去了?

现有的通信频率有时候无法被终端接收, 很容易导致断网。因此, 5G 网络需要升级频率保障。

只有适合 5G 网络的频率广泛应用, 5G 网络才会越来越好。

5G 升级后, 我们就可以利用更高效的网络, 使用更多的功能, 大家的生活也会更加精彩。

现在大家的网络生活很便捷, 可我还是个 "小朋友" 呢! 我还需要更努力地成长, 纠正自身的 "小缺点", 成为更加优秀的 "大人"。

为何要让诸多机器也联网？

在我们的生活中，越来越多的电子设备和机器开始联网。

爸爸你看，那个机器人会做饭！

这些联网的机器，为我们带来了便捷。

机器坏了怎么办？

工厂里，工程师伯伯可以远距离修理机器。

医院里，医生阿姨可以远程使用仪器给病人做手术！

现在的高科技可太棒了！

我们还可以指挥机器人弹奏乐器。

还可以让交通工具自动驾驶，节约了人力物力，让更多有需要的人得到帮助。

机器联网还可以让我们的日常生活更轻松，只要拿起手机，就可以使用联网的家电。

哇，真好玩！

哇，还有可视电话，清洁机器人，电饭锅还可以自动做饭。

最强保镖

清洁大师

做饭高手

13

哇！还有智能音箱，它掌握了多种语言，可以陪我们聊天。

智能音箱虽然很聪明，但也有听不懂的问题。

机器联网缩短了人与机器之间的距离，将人和机器联系在一起。人们与机器的接触更加紧密，机器也通过网络不断学习升级。更多的机器联网，意味着人们生活方式的改变，终有一天实现万物互联。

嘿嘿嘿，你的秘密已经被我知道啦！

救命啊，谁来救救我！

今天的网络技术很发达，但网络安全形势依然严峻。

移动通信技术的好朋友——量子通信技术，既能防范窃贼，也能维护网络通信安全。

好可怕！

我们来帮你！

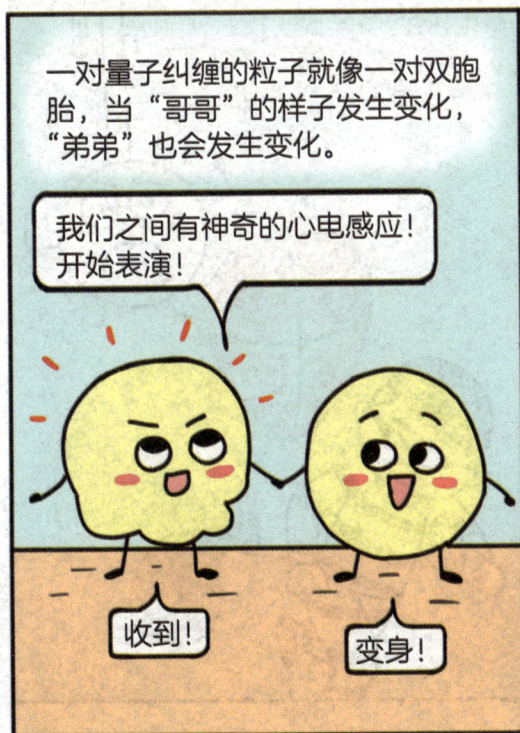

一对量子纠缠的粒子就像一对双胞胎，当"哥哥"的样子发生变化，"弟弟"也会发生变化。

我们之间有神奇的心电感应！开始表演！

收到！

变身！

知道了大哥！

今天也要加油哦！

科学家发现这种变化不会因为距离而改变，于是将量子技术用于通信。

由于量子存在不确定性，所以量子通信技术很难被坏人窃取信息。

嘿嘿嘿，我每时每刻都在变，你能拿我怎么办？

明明得到的情报是圆形，为什么找不到呢？

情报

这样的话，就只有我们可以查看这个秘密啦！

这是秘密的钥匙，给你一把！

科学家利用量子创建密码，再将它们分割成两把"钥匙"，再把"钥匙"分享给通信的人。

量子状态是无法被克隆的。如果坏人破坏了其中一把量子"钥匙"，另一边拥有量子"钥匙"的人就会立即发现，及时更改密码。

我又来了！我的工具升级了，可以偷到好东西了。

啊，我被戳了一个洞！

有人窃取信息！

我身上怎么会有一个洞，老弟你还好吗？

人们将许多光量子集合在一起，就可以形成更复杂、更不易破解的通信"钥匙"。

虽然我很常见，但想捉我可没那么容易！

只有将光量子单独抓起来，再将它们有序地排好，这样的量子"钥匙"才可以用来传递信息。

制作量子"钥匙"只是第一步，要想真正的使用量子"钥匙"，就必须捕捉更多的光量子。

知识卡片

　　普朗克的量子假说提出后，并未引起人们的兴趣，爱因斯坦却独具慧眼，看到了它的重要性。他从中得到了重要启示：在现有的物理理论中，物体是由一个一个原子组成的，是不连续的，而光（电磁波）却是连续的。在原子的不连续性和光波的连续性之间有深刻的矛盾。
于是爱因斯坦大胆假设：光和原子、电子一样，也具有粒子性，光就是以光速运动着的粒子流，他把这种粒子叫光量子。

万物互联是什么样子的？我们的生活将会发生哪些改变？一起来看看吧！

万物互联后，人们的生活方式会发生巨大的改变。

今天有点上火，不能再吃零食了！

智能手环、电话手表，不仅可以打电话，还能检查身体，给出健康建议。

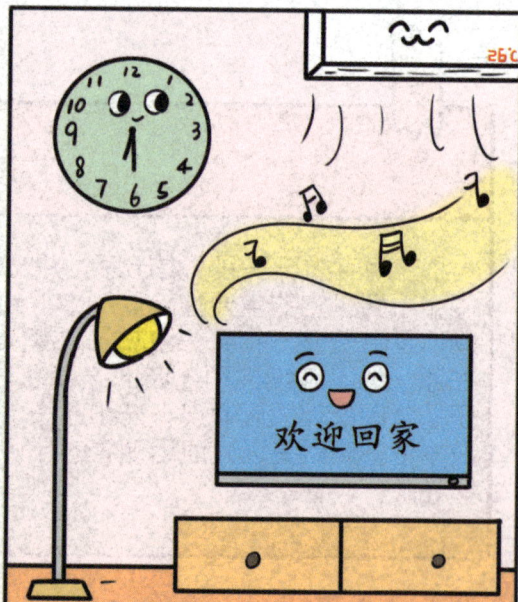

欢迎回家

家里的家电全面智能化，一进门就可以感受温暖舒适的环境。

坐上沙发，用语音就能操控手机，将电影投在大屏幕上播放。

请把手机里的影片投射到电视屏幕上。

太神奇了，手机能听懂你的话。

是时候买新的食物了，小朋友的营养可不能断！

冰箱检测到食材或饮料即将用完，它就会自己链接购物网站下单。

呀！下雨了！我好像出门的时候没关窗户！

突降狂风暴雨，人们就可以在外面通过手机 APP 远程打开和关上门窗，并用监控查看家中。

爷爷奶奶独自在家，我们也能随时了解老人的状态，确保家人的健康和安全。

嗨！

家中门锁不仅能使用指纹和蓝牙解锁，还能自动识别陌生人，构筑坚固家庭护盾。

警告！警告！有陌生人试图开锁！

万物互联，加快城市建设，让城市生活更便捷美好。

智慧路灯能根据天气情况及来往车辆调节亮度，还能为行人提供充电服务。

哇，好漂亮啊！

未来的汽车都是无人驾驶模式，通过智能导航自动行驶，以减少堵车和交通事故。

把头伸出车窗很危险！快回来！

妈妈，这里的车都没有人驾驶！

智慧垃圾桶能辨别垃圾进行分类，让垃圾处理更加便捷环保。

湿垃圾、干垃圾……

智慧井盖显示排水功能状态，提醒工人及时维修，还会在行人靠近时警示，防止发生意外。

万物互联，工业机器人也进步啦！工厂会有更多的智能机器人加入生产线，提高效率。

医生在借助医疗机械臂进行远程治疗，让更多的病人得到救治。

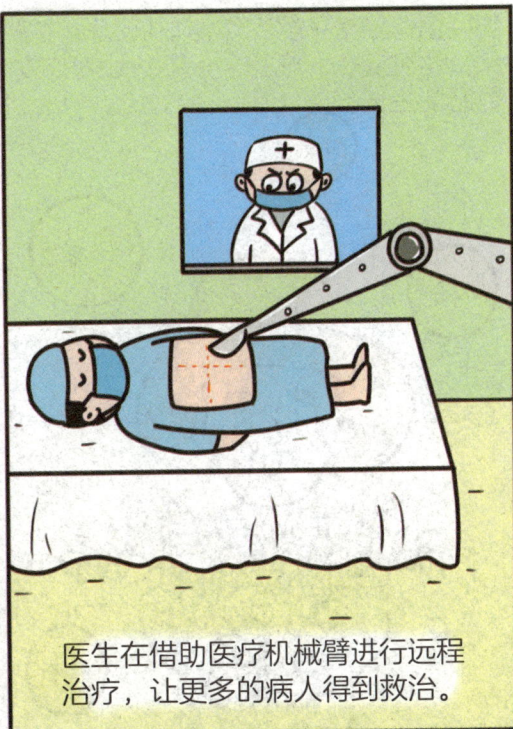

机器人保姆帮忙做家务，带小宝宝，让人类家庭生活更和睦。

物 流 信 息

快递员叔叔或者收发件人可以随时查看货物的物流信息，货物位置可以及时告诉顾客。

农民伯伯轻松了解农作物生长过程的变化，及时浇水、施肥、保温，让农作物更好地生长。

阳光

土壤

水分

肥料

食堂阿姨通过食品包装上的信息，进行肉蛋奶溯源，确保食品安全。

警察叔叔利用无处不在的公安天眼系统，精确识别坏人，以震慑和预防犯罪。

就是他！

姓名：张三

性别：男

年龄：30

职业：小偷

这些理想生活场景，已经逐步走向现实、走进生活。5G 时代的万物互联，让全社会发生巨大变化，带来生产生活方式的深刻变化。

这样的生活真美好！

科技飞速发展，通信技术更新迭代，5G 正在步入快速发展期。

移动通信技术经历了 4 个发展阶段。1G 技术速度低、质量差、安全性差。

不行不行，不可以用我玩游戏！

我、正、在、工、作、这个、题、目、的答、案、是……

2G 有所进步，但网络速度依旧很慢，只能实现基础上网查资料，不能满足其他需求。

3G 能提供移动宽带服务，但效率比较低。许多资源未被利用，浪费很多时间。

嘿，朋友！一起种菜吗？

4G 通信速度变快了，不仅能传送高清的图片和视频，还能灵活计费，服务用户。

大家快看我拍的照片！

哇！好清晰啊！

我可是超级快的！

5G 进一步完善用户体验，网络速度更快。它还能和其他通信技术相结合，变成更先进的移动通信网络。

5G 和量子通信技术相结合，安全性不仅会更高，还能提供高难度的密码，防止密码被他人破解。

啊，好多坏人！

放心，我们会帮你保密的！

5G 拥有更多的基站，遍布城市的每个角落。这些基站更小更轻便，轻松隐蔽。

基站让 5G 通信进行多点、多天线、多用户、多小区的相互协作、相互组网，让通信更便捷高效。

大家加油！加快速度！

室内，5G 网络能连接更多的机器，并将它们联系起来，实现万物互联，让日常生活更便捷。

借助 5G 移动通信系统，无人驾驶汽车技术也逐渐进入应用阶段。

网络的普及缩短了世界的交流距离，实现人与人之间、物与物之间、人与物之间的互通互联。

你好，李华！

嗨！汤姆！

人们的工作出行、娱乐购物、社交活动等，变得更加便利。

行业与行业之间的交流更加密切，促进了产业变革，提高生产力。

高频宽、光载无线组网、有线和无线宽带等技术，让 5G 通信技术的未来具有更大潜力。

Wi-Fi 名称：
xxxxxx
密码：8888888

5G 通信技术帮助更多设备连接，并根据流量变化来对网络资源进行优化调整，以降低能耗和成本。

5G 通信技术能推动各种网络交互、3D 和虚拟现实技术发展，让世界更加多姿多彩。

足够多的基站和电力能源，推动 5G 网络发展规模。让更多人享受到更好的服务。

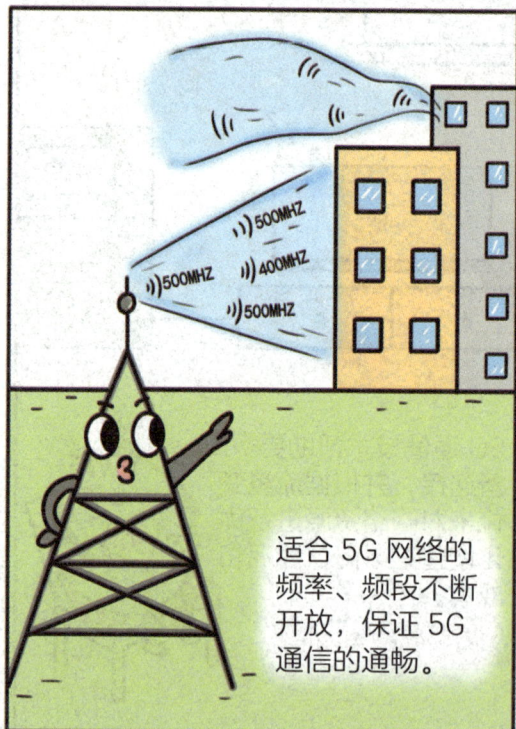

))500MHZ
))500MHZ
))500MHZ
))400MHZ

适合 5G 网络的频率、频段不断开放，保证 5G 通信的通畅。

你会玩游戏吗？

我在！我们一起玩游戏吧！

将来，5G 的灵活性会有更大的提升。相信通过自我调整及优化，5G 会带来更多的惊喜。

在新通信时代，孩子们能远程学习知识，父母们能远程进行工作，网络互联无处不在。

现在，5G 时代的到来，人机互动应用将变得越来越多。

短距离无线通信技术

如果突然断网，我们该如何建立通信环境，完成信息的传送呢？

家里没网了！

蓝牙能连接移动设备和计算机，进行短距离信息传输。

我来帮你！

蓝牙搜索中
· · · · · ·

我可以在移动电话、无线耳机、笔记本电脑等多种设备之间进行无线信息交换。

已连接到可用的设备

蓝牙设备已连接

蓝牙技术的近距离无线连接，能建立移动设备间的通信环境，用来传输照片、文件等。

当然，蓝牙也可以与网络连接，得到更广泛的应用。

大家从这里走！

蓝牙技术无需电缆，通过移动设备之间的无线通信建立接口，使机器在近距离实现双向通信。

蓝牙技术非常方便，一个设备搜索到另一个蓝牙设备，就能迅速传输数据。

Loading

OK

不会的！

要撞上了！

蓝牙有很强的的抗干扰能力，通过跳频传播，可以有效避开干扰源。

蓝牙传输只能在 100 米的范围内，确保信息传输时的工作质量与效率。

咦，怎么连接不到蓝牙？

最典型的应用是车载蓝牙技术。

蓝牙防盗器连接主人手机，一旦车辆状态出现变化或者被盗窃，将会自动报警。

工厂里，蓝牙可以无线管理监控设施，保障数控机床生产的安全。

工业生产上检测材料时，可以利用蓝牙设备及时将数据传输到中央数据处理器中。

在医院，蓝牙技术也用于监测病人实时状态，利用病床终端设备发出信号，就能将呼叫信息传输到护士站控制器。

22号病房病人出现突发状况……

护士站

蓝牙应用也有许多缺点。虽然它的传播过程耗能低、传播快，但连接时却十分耗能。

搜索中

滴——
滴——
滴——

提示
请选择蓝牙设备
请验证身份信息
输入PIN码
连接失败

蓝牙连接需要进行多次的信息传递和验证，既浪费时间，也浪费资源。

即使蓝牙信息传输层层加密，也很容易受到黑客攻击，导致数据丢失。

蓝牙作为一种短距离无线通信技术，现阶段已经在生活与工作中有较多的应用。未来，它将向各行各业扩展，包括汽车、家电、航空、消费类电子等领域。通过不断研究开发，科学家将不断提高蓝牙技术的应用价值，便利全社会的生产与生活。

坐好了，我们要出发了！

光波号

光纤通信技术利用光波为信息载体，以光纤作为传输媒介，以实现信息传递。

光纤由纤芯、包层和涂层组成，内芯只有几微米或几十微米。

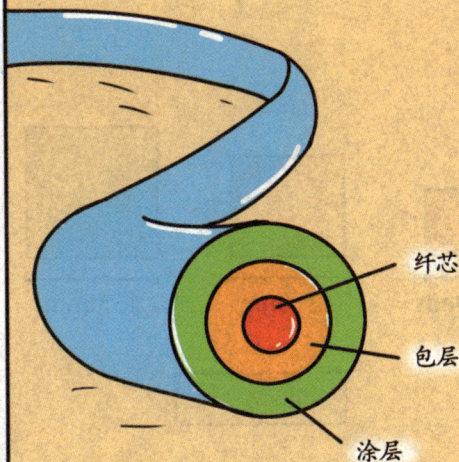

纤芯

包层

涂层

通过纤芯和包层的折射，可以实现光信号的传输。涂层则能增加光纤的韧性保护。

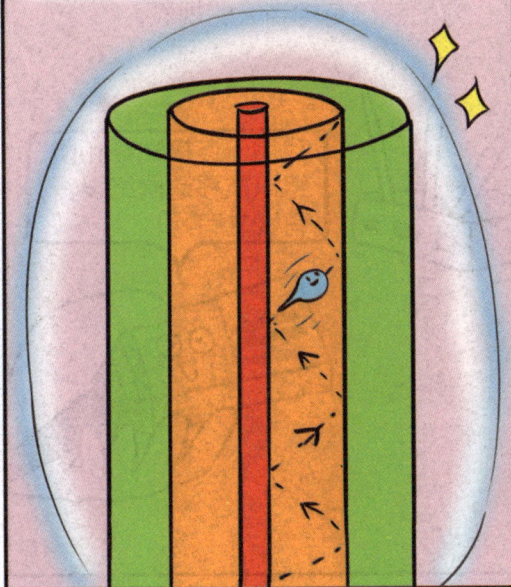

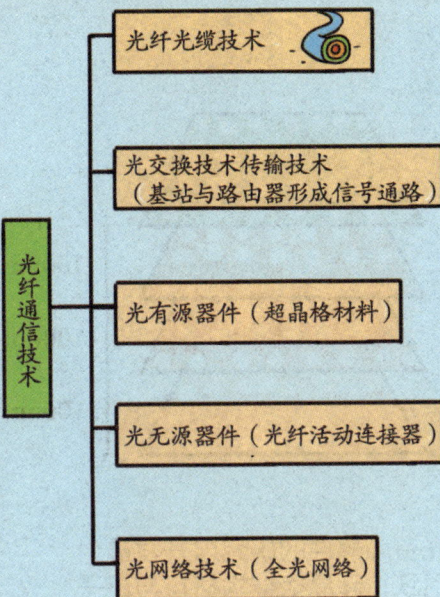

光纤光缆技术

光交换技术传输技术（基站与路由器形成信号通路）

光纤通信技术

光有源器件（超晶格材料）

光无源器件（光纤活动连接器）

光网络技术（全光网络）

光纤通信技术包括图中五个主要部分。

早期光纤的传输窗口只有 3 个。后面出现了第四窗口（波段）、第五窗口（全波光纤）以及 S 波段窗口

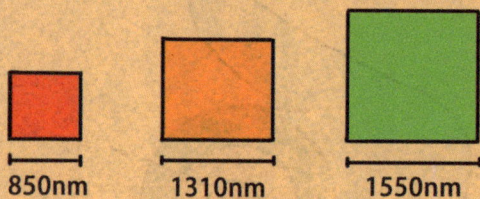

850nm

1310nm

1550nm

早期传输窗口

这些传输窗口能实现低损耗、低色散传输，使传输容量提高几百倍、几千倍甚至上万倍。

100nm

100nm

100nm

光有源器件的研究与开发最为活跃，超晶格结构材料与量子阱器件，技术已完全成熟。

光无源器件是指光能量消耗型器件，其种类繁多、功能各异。其中光纤活动连接器在品种和产量方面都已有相当大的规模。

我用于连接光纤和网络以及移动网络设备，有我才有网！

无源器件在光通信系统中负责连接光波导或光路，控制光的传播方向和光功率的分配。

波分复用技术

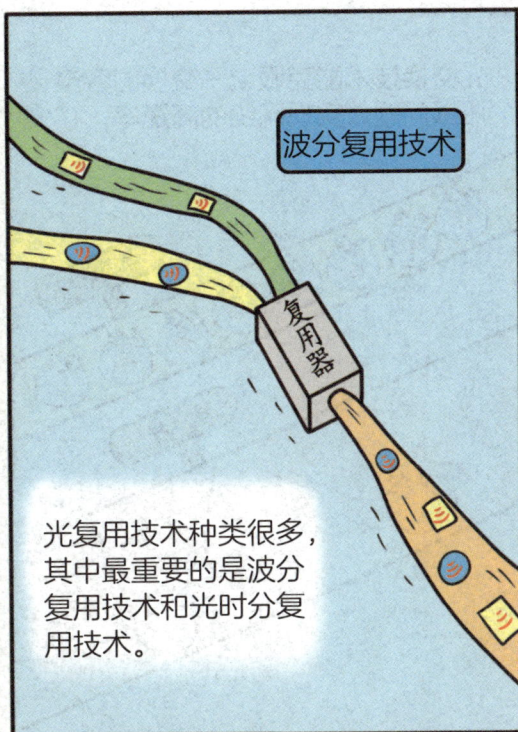

光复用技术种类很多，其中最重要的是波分复用技术和光时分复用技术。

波分复用技术使用 273 个或更多的波长，研究水平是 1 022 个波长（能传输 368 亿路电话），潜在水平为几千个波长，理论极限约为 15 000 个波长。

我有时候可以一次传送 65 536 个光波！

特价

光放大器可以直接实现光信号放大，无须再实现光电变换及电光变换。

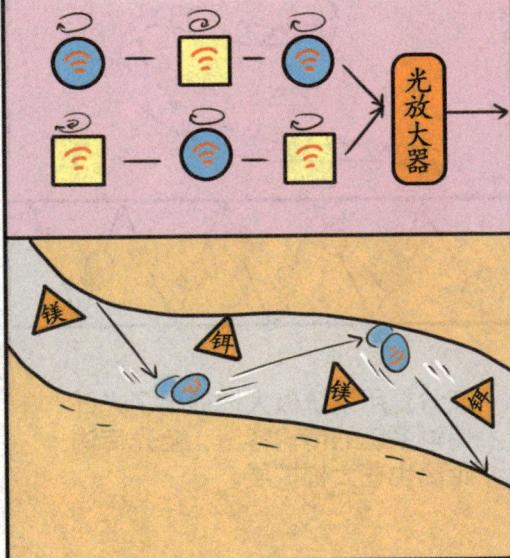

光放大器

镁   铒

镁   铒

光交换技术能克服电子交换的容量瓶颈问题，实现网络的高速率。

普通电线

光　纤

光交换技术中，光的电路交换类似于电路交换技术，采用光器件设置光通路，中间节点不使用光缓存。

波分复用系统极大地提高了光纤传输系统的传输容量，全光传输距离也在大幅扩展。

光孤子是特殊的超短光脉冲，它的群速度色散和非线性效应相应平衡，可以作为载体实现长距离的通信。

我可以传播万里之遥哦！

传统的光网络在网络结点处仍采用电器件，限制了通信网干线总容量。全光网络能以光的形式进行传输与交换，容量更大、速度更快。

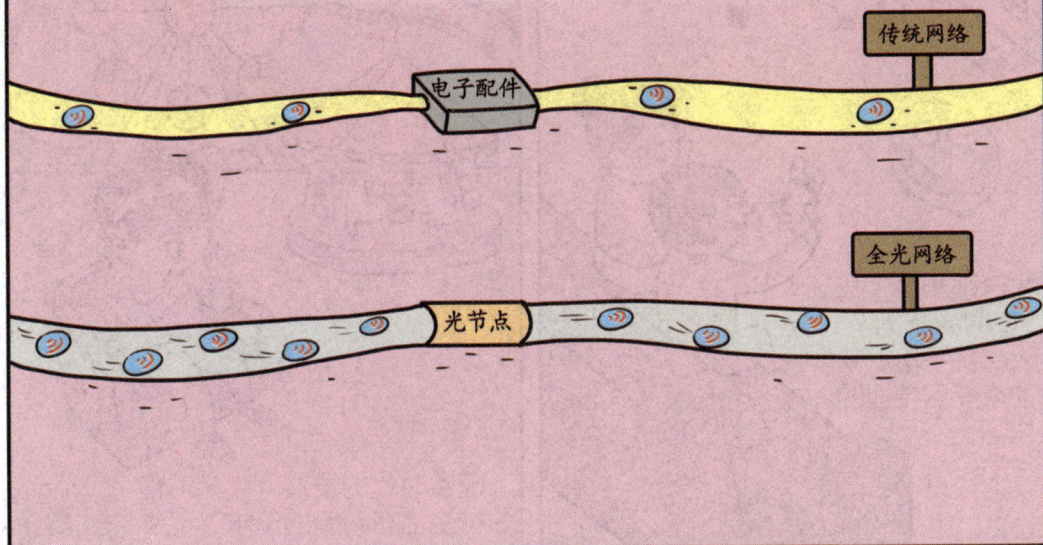

对光纤通信而言，超高速度、超大容量和超长距离传输一直是人们追求的目标，而全光网络也是人们不懈追求的梦想。提高网络的重构灵活性和生存性，大量节省建网和网络升级成本，也是光纤通信努力的方向。

大家都知道，在5G的影响下，人们足不出户就能享受到便捷的生活。

随着时代的发展，大家对精神生活有着新的追求，诞生了新型概念——元宇宙。

元宇宙是沉浸式的虚拟世界，人们可以在元宇宙感受不一样的人生，体验与真实世界完全不同的生活。

我飞起来啦！

当然了，元宇宙技术也需要网络支撑。

啊！又断网了！

元宇宙的发展是循序渐进的，它需要各种工具和平台相互配合，尤其是网络的支撑。

元宇宙的目标是建设一个更加真实和庞大的虚拟世界，人们要想获得更好的体验，当下的网络必须进行升级。

元宇宙的实现，需要超高的带宽、超低的延时还有网络的安全性。

目前，现有的 5G 网络只能支撑起元宇宙的基础。

但如果想要沉浸式的体验，就需要扩展现实的 XR，这就需要 6G 网络的开发应用。

那么，元宇宙究竟需要怎样的网络呢？

虽然 5G 具备高速率、低延时、大规模连接的特点，但如果要构建元宇宙，必须有着更强的传输能力。

目前的带宽只能支撑一部分人一起玩同一个游戏，但元宇宙是全球几十亿人同时进入的大型"游戏"，需要更强大的带宽支撑。

元宇宙需要比目前网络更低的延迟，才能让人们更畅通无阻地交流。

嗨！ 嗨！

只有更可靠安全的网络环境，人们才不会在元宇宙突然断联。

而6G将构建人机的智慧互联、智能体高效互通的网络，具备智慧内生、多维感知的新功能。

哇，真的是水！

6G以5G为基础，不断创新优化性能，提升人们的体验。

5G

43

6G 的发展并不意味着放弃 5G，而是互相配合和改善，共创虚拟现实。

6G 网络及 6G+ 的诞生，将实现物理世界人与万物的互联，能够在虚拟世界实时模拟真实世界的环境和状态，让人们进入虚拟与现实深度融合的全新时代。

新通信技术的漫长发展过程中涌现了许多优秀科学家，让我们来认识一下吧。

中国光纤之父——赵梓森院士，他先后校准了光学天线等多种设备，研制出脉冲相移通信，成功实验了短距离激光通信，是我国光纤通信技术的主要奠基人和公认的开拓者。

1977年全国工业学大庆会议

赵梓森带领研究团队，经过近三年的努力，使我国第一根实用型、短波长和阶跃型石英光纤诞生。

之后，赵梓森又主持制定了用MCVD法制造石英玻璃光纤预制棒的技术标准，引领中国通信光纤技术迅速发展。

武汉大学

中国光纤

还有天才少年"95后"科学家——申怡飞。申怡飞从小早慧，15岁就被大学录取，师从尤肖虎教授研究5G核心技术。

他刻苦钻研研究5G技术，发表SCI论文一篇，发明专利三项，为国家和民族立下了汗马功劳。

正是因为那些伟大的科学家，我国通信技术才会迅速发展并进步，他们的人生经历也告诉我们，要认真、勤奋、坚持、无私，为祖国的繁荣发展贡献自己的力量。

改变未来的前沿科技

06 太空

彭麦峰 著　一本书文化 绘

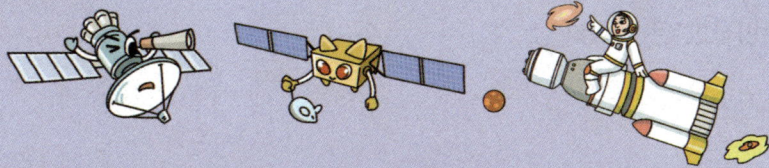

天津出版传媒集团

天津科学技术出版社

目 录

你好，我是人造卫星。我在太空工作，因为我，人类的生活水平才有了质的提高。

我能预测天气，告诉你未来一段时间的天气状况，让你放心安排自己的日程。

用卫星电话，可以让地球上任意两处的人通话。

当然，我不仅能在地球周围转，我还可以成为其他星球的人造卫星，帮助人类探索其他星球，比如火星。

嗨，大家好，我是火星环绕器"天问一号"，是绕着火星飞的人造卫星哦！

嗨，兄弟，你帮了我大忙了！

我们人造卫星，以前可是重量级的，现在我们"减肥"成功，越来越小巧了。

人造卫星也有使用寿命，有的能使用2~3年，有的寿命有10~15年。随着科技的进步，人造卫星的寿命必定会延长。

我希望能够长命百岁！

火箭发射

哇！这里好多人啊，大家好像都在忙碌着什么，快看！那里有一个大家伙！

你没有翅膀飞得起来吗？我不信！

你待会儿就知道了！

没有问题！

准备好了吗？

5、4、3、2、1，点火，升空！！

别怕，这是推进剂燃烧时留下的水蒸气，不会对环境产生危害。

啊啊啊救命！好多白烟，我什么都看不见！

火箭在发射的瞬间，会点燃火箭推进剂，燃烧产生的热能和化学能转化为机械能，为火箭提供推力，这样火箭就能飞上天啦！

4

哇，真的飞起来了！
那当然啦，科学家给我准备了很多燃料和氧化剂，我能飞很久。
3.6 万千米
12 000 米
8 848 米
1 000 米
106 米
我怎么感觉越飞越快了？
没错，现在我的速度已经达到了每秒 7.9 千米
火箭在飞行过程中，随着燃料越来越少，体积也越来越小，飞行速度也越来越快。当然，实际上航天员在舱内是不会感觉到火箭在加速的。
可以再快点吗？
再快就摆脱地球引力啦，那我们可就再也回不了家了！
多级火箭的速度可以达到 7.9 千米 / 秒的第一宇宙速度和 11.2 千米 / 秒的第二宇宙速度。
在飞到轨道后，火箭就不再上升，而是在地球引力的作用下开始绕地飞行。
在太空中看地球真的太美啦！

下面我们就来看看在火箭飞行的过程中发生了什么。火箭是由这些部件组成的。

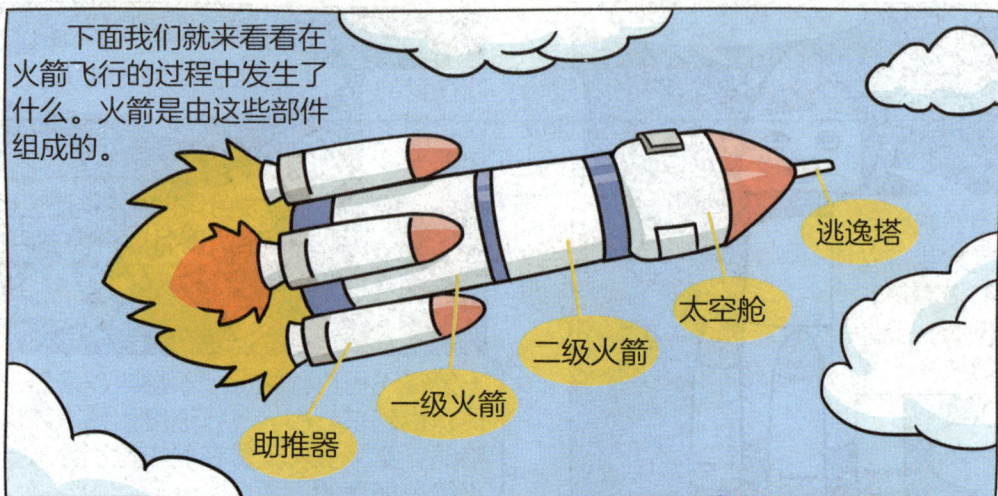

逃逸塔

太空舱

二级火箭

一级火箭

助推器

随着飞行的高度越来越高，除了太空舱以外的部件会依次脱离。

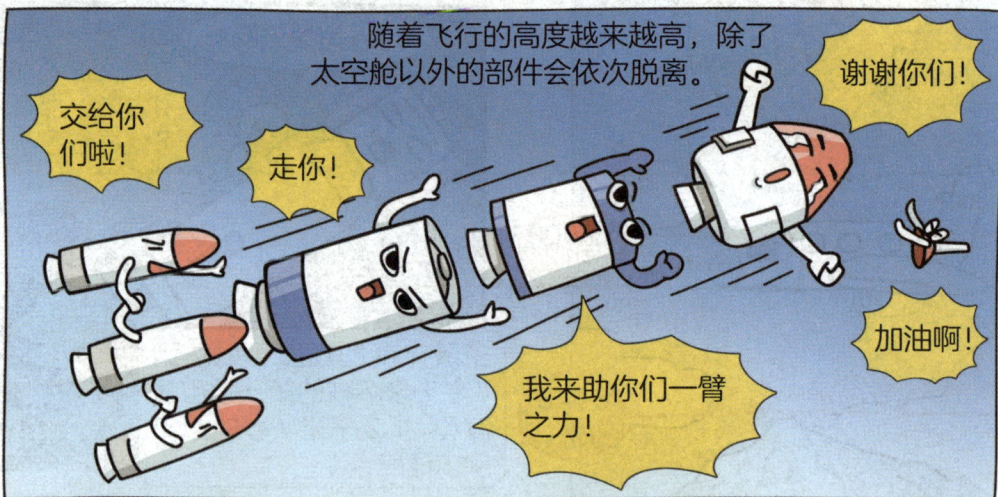

交给你们啦！

走你！

谢谢你们！

我来助你们一臂之力！

加油啊！

随着重量越来越轻，速度越来越快，火箭就可以飞入指定轨道，开始围绕着地球进行圆周运动。

现在轻松多了。

火箭是实现航天飞行的运载工具，能够把人造地球卫星、航天员、空间站和空间探测器送上太空。因此，想要探索宇宙可少不了火箭的帮助。

你们上天都得靠我。

放心吧，我会随时随地汇报的！

孩子，要常跟家里联系啊！

收到！随时待命！

听我指挥！

地面上的"遥控器"负责指挥、控制卫星，并配合卫星完成工作。

要先和谁交换信号呢？

地面"遥控器"叫作遥感系统，分为站网、空间控制中心、遥感数据处理与管理中心。

我来了！

我看到了！

站网分为跟踪站和接收站。跟踪站有很多个，就像眼睛和耳朵，通过传感器监测卫星的行踪，还能监测卫星的轨道数据。

接收站负责接收空间控制中心传送给卫星的指令，并将卫星收集的数据传输回空间控制中心。

收到！

一切无误，请继续飞！

卫星飞行正常！

哇，你好辛苦啊！

大家在关注我，我要更加努力！

空间控制中心像是大脑，能监测和指挥卫星的运行，规定卫星的工作和日程。

卫星上各个部件的状况，还有气候条件，都能由传感器传送到控制中心，帮助控制中心更好地指挥。

好热呀！

立即降温，稍作休息！

数据处理与管理中心负责处理遥感的图像信息。接收站获得的信息在这里进行处理编号。

1、2、3、4……

这些放在这边！

地面系统和星体之间构成一个整体，就像整套精密机器一样准确而协调地运转。

大家一起加油！

人们乘坐火箭进入太空，会遇到一只"巨鸟"，它就是空间站。

哇！好壮观啊！

空间站，也称为轨道站或太空站，是一种能长期在地球低轨道上运行的大型载人航天器。

睡眠区一号

这就是空间站内部吗？有好多屏幕和小房子！

当航天员进入太空，可以在空间站进行长期的生活和工作。

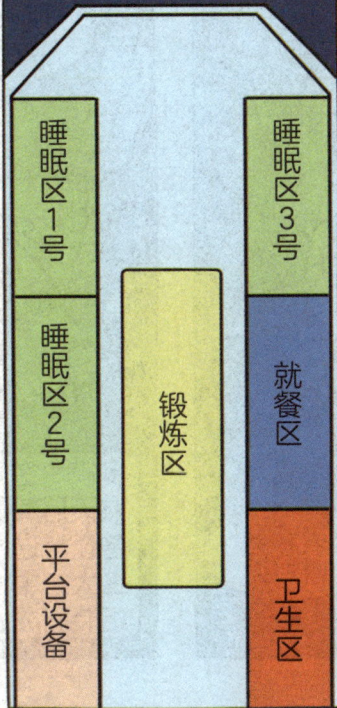

睡眠区1号

睡眠区2号

锻炼区

平台设备

睡眠区3号

就餐区

卫生区

空间站需要补充物资时，可以在轨道上与飞船或航天飞机对接，由飞船或航天飞机为它运送人员和物资。

没有食物和物资，我快撑不住了！

我们来啦！

空间站没有主推系统和着陆设备，因此它不能飞行，也不能返回地球。

好羡慕它们可以飞行啊！

空间站分为单模块空间站和多模块空间站两种。和卫星一样，空间站也是由航天运载器运送到太空。

单模块空间站可由航天运载器一次发射入轨。

成功安家！谢谢啦！

我还少一块翅膀，麻烦下次帮我带过来啊！

多模块空间站则由航天运载器分批将各模块送入轨道，在太空中将各模块组装而成。

接下来的一个月，我们都要在空间站里做科研啦！

空间站可以让载人飞船只运送航天员。航天员可以在空间站里进行科研。这样做能够节约航天费用。

谢谢！

老哥，需要的零件我送来了！

当空间站发生故障时，航天员可以在太空中给空间站维修、换件，延长航天器的寿命。

空间站的特点是体积大、机构复杂，在轨道飞行时间较长，有多种功能。空间站可以长时间在外太空飞行，让人们对于外太空的探索更加深入和丰富。

上次的照片对研究很有帮助，大家继续努力！

收到！

13

冲啊！我们要到月球上玩啦！

等等，先穿好航天服！

哇，好重啊！

航天服是保证航天员的生命和个人活动的密闭装备。

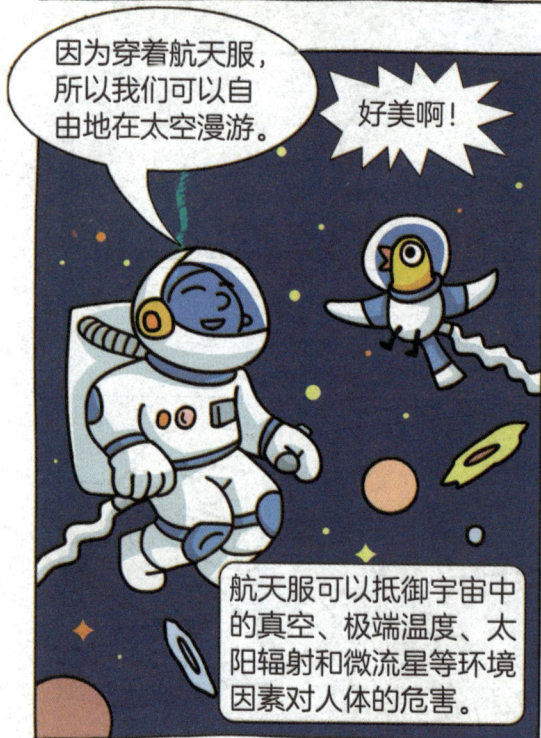

因为穿着航天服，所以我们可以自由地在太空漫游。

好美啊！

航天服可以抵御宇宙中的真空、极端温度、太阳辐射和微流星等环境因素对人体的危害。

如果不穿加压气密的航天服，就会因体内外的压差悬殊而发生生命危险。

咦？啊！

航天服的压力服装由躯干肢体服、压力调节器、压力表及颈部防水隔膜组成。

躯干肢体服由气密层和限制层组成，用来维持人体形态不变。

压力表，用于指示服装内压力。

放心，我们的头盔有很好的减震和防护作用，不会有事的！

要撞上了！

航天员在航天飞行中所戴的头盔，不仅能隔音、隔热和防碰撞，而且具有减震好、重量轻的优点。

航天员戴的手套可以调节航天员的手部舒适度，让航天员的行动更加方便自由。

就像我自己的翅膀一样！太神奇了！

有了这个管子，我们就可以随时呼吸新鲜空气了吗？

通风组件是由许多条长长的管道组成的，空气从软管进入服装，再送至头部和四肢末端，最后汇流到腹部，由压力调节器流出服装。

通信头戴能够接收航天员在飞船发射和返回过程中的通话。同时，它也能保护航天员的耳朵免受噪声危害。

声音好大好可怕啊！

戴上通信头戴就没事了！

对于航天员来说，航天服是非常重要的装备，它不仅可以保护航天员的安全，也可以保证航天员的通信。

有了航天服的保护，我们可以更自由地探索太空啦！

太空机械臂

太空机械臂就是一个智能机器人，具备视觉识别能力，是集各种功能为一体的高端航天设备。

你好啊，我来帮你！

太空机械臂可以自主分析和操作，也可以由航天员进行遥控。

谢谢你，我自己可以！

需要帮助吗？

太空机械臂可以观察和监视静止或移动的目标，通过精度定位或运动，使得机械臂上的视觉系统能够准确地捕获、跟踪需要观察或监视的目标，对其进行照相或摄像。

112:07

嘿嘿！看你往哪里逃！

太空机械臂利用机械臂的定位功能，通过不同类型手爪的使用，完成对于航天器舱内和舱外不同目标的拾取、搬运、定位和释放。

太空机械臂通过在轨自主操作与遥操作相结合的技术,可以在空间站或其他轨道器内部无人的情况下,进行复杂试验动作。

维修可是我的拿手绝活!

太空机械臂还可以作为航天员或大型构件的支撑,协助航天员完成在轨建设或维修项目。

要是没有我,这活可就完不成啦!

看我的!

在月球及深空探测中,只要在目标上着陆,就需要进行取样工作,需要太空机械臂对取样目标进行近距离的观察、分析、选择和取样。

太空机械臂有舱内和舱外两大类。舱内机械臂通船尺寸不大,运动范围有限,主要完成舱内装配、更换部件、对飘浮物体的抓取等。

舱外机械臂有时长达十几米，安装有航天飞机、空间站，以及小型飞行器或太空机器人。它主要完成辅助对接、目标搬运、在轨建设、摄像等。

太空机械臂具有广泛丰富的用途和强大灵活的功能。太空机械臂是空间站建设、维护和使用的关键设备。

我在太空中发挥着很大的作用，千万别忘记我！

10、9、8、7……3、2、1！发射！

载人飞船属于大型航天器，能保障航天员在太空生活、工作，执行航天任务，又称宇宙飞船。

我还会坐着飞船安全返回地面的！

载人飞船经常往返于地面和空间站之间，作为航天员前往太空的"交通工具"。

报告总部，正在进行观测！

载人飞船容积很小，无法装载很多燃料。

滴滴！啊！没燃料了！不能再继续航行了！

收到！即刻返回！

20

载人飞船分为两舱式结构和三舱式结构。有对接任务时，对接结构就在飞船的最前边。

一起加油！

本次航天飞行为两人任务，我们一起加油！

压力表，用于指示服装内压力。

航天服由气密层和限制层组成，用来维持人体形态不变。

载人飞船的轨道舱特别重要。它的前端可以与其他飞船或空间站对接，下端与返回舱相连。

对接机构

轨道舱

密闭舱门

轨道舱里准备了食物、水还有通信设备。航天员在这里进行科学研究，还能进餐、体育锻炼和休息。

忙碌了一天，终于可以吃东西啦！

轨道舱还能支持航天员出舱活动，让大家有充分空间换上航天服。

返回舱属于密闭座舱，在轨道飞行时，它与轨道舱连在一起，供航天员居住。

返回舱的座椅前方是仪表板，负责监控飞行。座椅上安装姿态控制手柄。必要时能手控调整飞行。

即将返回地面！即将返回地面！

返回路上，轨道舱和服务舱会分离、焚毁，只有返回舱载着航天员回到地球。

不好，自控失灵了！

服务舱，又称"仪器设备舱"。它的前端与返回舱相连，后端与运载火箭相接。

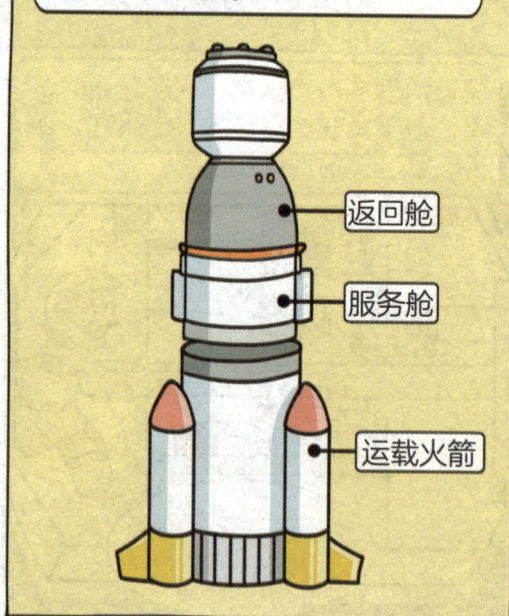

返回舱

服务舱

运载火箭

服务舱前端是密封增压的，装有各种电子设备。后端不密封，安装变轨发动机等。

服务舱外装有辐射散热器、太阳能电池板。

我可以支撑整个飞船的电力！

载人飞船也承担过许多探索科研任务，比如观测星体、与空间站等设备进行对接等。

谢谢！

不客气！

载人飞船能作为轨道救生船，接航天员离开空间站返回地面。

来了！

他受伤了，需要立刻返回地面！

23

载人飞船还曾经考察失重、辐射等因素对人体的影响，为航天医学做出贡献。

目前一切正常！

我在太空中发挥着很大的作用！千万别忘记我！

载人飞船作为探索太空和往返于地球与太空之间的重要工具，为人类的发展与进步做出了巨大贡献。它不仅能观测地球和其他星体，随着科学技术和航天技术的进步，还能带着人们进行登月飞行或行星际飞行。

"天眼"是一座巨大的射电望远镜，足足有 500 米宽，如同地球的眼睛，探寻着太空。

我可以看到太空里的星星！

太空中有卫星、载人飞船，地面上也有着许多探测星空的装置，叫作"大科学装置"。

如果从上往下看，我国的"天眼"周围被群山环绕，非常美丽壮观。

好像一口锅呀！

"天眼"是目前世界上最大、最灵敏的单口径射电望远镜，观测能力是德国波恩 100 米望远镜的 10 倍，是美国阿雷西博 300 米望远镜的 2.25 倍。

德国波恩望远镜

美国阿雷西博望远镜

"天眼"望远镜

"天眼"表面有 4 500 块三角形主动反射面，可以将能覆盖 30 个足球场大的信号，聚集到一颗小药丸大小的空间里。

这么多三角形，可以用来干什么呢？

可以用来监听宇宙中微弱的射电信号。

"天眼"由激光定位系统校准，再通过拉扯钢索网来使天线锅变向。

2016 年 9 月 19 日，"天眼"第一次探测到脉冲星信号，为人类探索宇宙、搜寻外星文明提供支持。

是脉冲星信号！太好了，天眼可以正常运行了！

"地面空间站"是一座大型的空间环境地面模拟装置，几乎和太空中的空间站一模一样。

我们长得好像啊！

因为我是你的双胞胎兄弟呀！

地面空间站设置了空间综合环境模拟系统，可以模拟很多种太空环境。

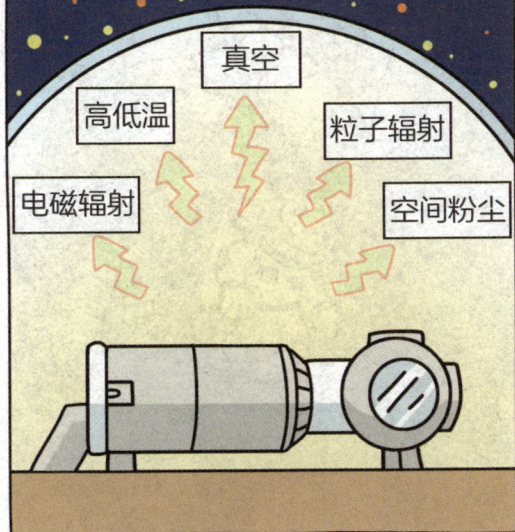

真空
高低温
粒子辐射
电磁辐射
空间粉尘

地面空间站还包括月尘舱、火星尘舱、高速粉尘舱等环境模拟舱，配备先进的测试仪器，可以在舱内实现在线测量。

滴滴！

物理在轨运营支持系统，可以接收在轨的遥测数据，模拟宇宙中的飞行状态，来验证整个飞行程序。

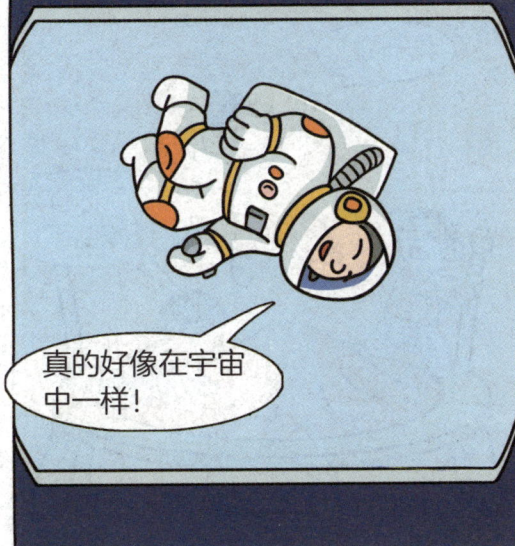

真的好像在宇宙中一样！

地面空间站的核心舱，则配备了航天员所需的各种机器和器材，模拟航天员的太空生活。

航天员可以在地面空间站进行科学实验，科学家们也能观测空间站磁场对人体的影响。

地面空间站的建设，为我国的航天工程提供科研平台，解决现有的航天问题，使航天员可以在太空更长久、更安全地探索。

地基引力波大科学装置，有两只垂直的长臂，可以探测到太空中传来的引力波。

看！我的"手臂"可是有一万多米！

如果把时空比作蹦床，那么一个星体就像一个小朋友，一个小朋友在蹦床上跳跃，其他的小朋友就会受到影响。

真开心！

呀，你慢点，我摔倒了！

引力波是太空中星体"小朋友"运动而产生的波动，非常细微和渺小。

我要玩！

我也要玩！

地基引力波大科学装置就像地球的耳朵，可以聆听来自遥远太空的引力波。

探测引力波就是对宇宙的探测，科学家可以通过探测，研究宇宙运动的规律。

地基引力波大科学装置的建设，可以填补我国引力波科学装置的技术空白。

有了我，就能发展更深层次的宇宙研究啦！

除了这些大科学装置，科学家们还建立了许多观测站，比如阿里天文台和兴隆观测站。这些观测站也都在仰望星空，探索宇宙。

通过我可以看到更美的星空哦~

大科学装置是我国必不可少的科技基础设施。大科学装置的研究和发展，为科学家探测宇宙提供了科技基础，对宇宙运动的研究起着重要的作用。

星空飞行器

太空中有许多星空飞行器，它们负责执行航天任务，探索星空奥秘。

那颗星星怎么长着翅膀啊！

它是"人造卫星"哦！

星空飞行器分为无人飞行器和载人航天器。无人飞行器又分为人造地球卫星和空间探测器。

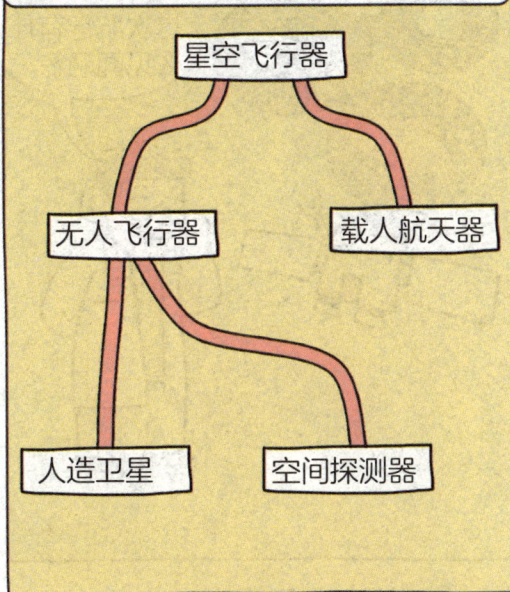

星空飞行器

无人飞行器

载人航天器

人造卫星

空间探测器

通常，我们将星空飞行器分为人造卫星、空间探测器和载人航天器，根据用途还可以继续划分。

星空飞行器

人造卫星

空间探测器

载人航天器

你好，我是人造卫星！

人造卫星就像翱翔的"小鸟"绕着地球飞行，是数量最多、用途最广的航天器。

我们长得好像，你也是小鸟吗？

科学卫星用于科学探测和研究，主要包括空间物理探测卫星和天文卫星等。

这次航行有什么见闻啊？

应用卫星包括通信卫星、气象卫星、侦察卫星、导航卫星等，与人类生活息息相关。

复杂的卫星技术，还需要先发射试验卫星进行检测。

保证完成任务！

空间探测器分为月球探测器和行星探测器。

我去月球！

我去火星！

载人飞行器分为载人飞船、空间站和航天飞机。

载人飞船既能载人，也能运载卫星，可以重复使用。

出发咯！

空间站又称太空站，可供航天员巡访、长期工作和生活，进行科学研究和探索。

航天飞机往返于地面和太空，既能像运载火箭那样垂直起飞，又能像飞机那样在机场着陆。

航天飞机通常由轨道飞行器、外挂燃料箱和固体火箭助推器三大部分组成。

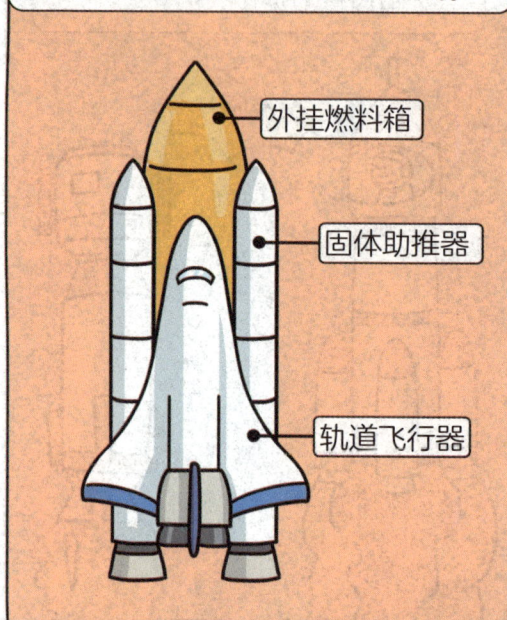

外挂燃料箱

固体助推器

轨道飞行器

星空飞行器由不同功能的系统组成，分为专用系统和保障系统两类。

不同用途航天器有不同的专用系统。例如天文卫星的天文望远镜，侦察卫星的电视摄像机等。

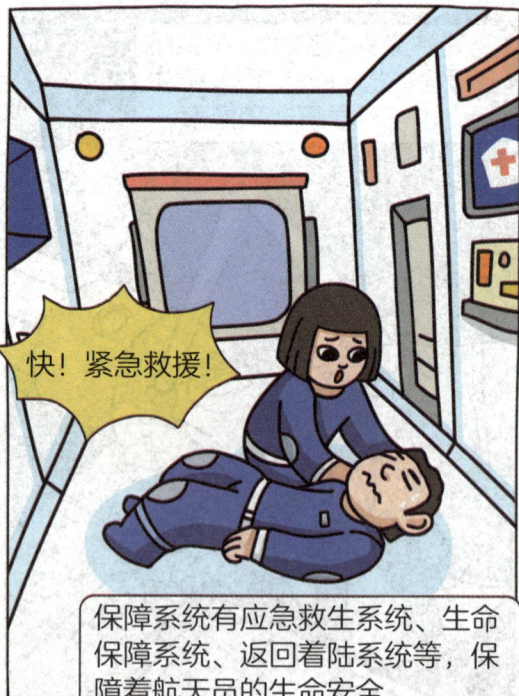

我可以看到很远的星星！

快！紧急救援！

保障系统有应急救生系统、生命保障系统、返回着陆系统等，保障着航天员的生命安全。

星空飞行器大多不携带飞行动力装置，在极高真空的宇宙空间靠惯性自由飞行。

咻~飞咯！

飞行器的轨道是按照航天任务来设计的，有些航天器带有动力装置，可以变轨或轨道保持。

飞行器长期处在真空、失重的环境中，有的还要返回地球或在其他天体上着陆，经历各种复杂环境。

终于来到月球啦！

绝大多数航天器为无人飞行器，各系统的工作要依靠地面遥控或自动控制。

救命啊！前面有陨石！

放心，不会撞上的。

星空飞行器的电源寿命长、功率大，使用太阳电池阵电源系统、燃料电池和核电源系统等。

随着航天飞机等星空飞行器的使用，人类将在空间建造各种大型的空间系统。未来，星空飞行器将提高从空间获取信息和传输信息的能力。在太空条件下，航天员能在星空飞行器上生产更多新材料和新产品，探索太空，获取更多新能源。

将种子送进太空，利用特殊环境使种子产生变异，再回到地面，就能培育出新品种。

哇，我们也可以到宇宙里玩啦！

早在 1987 年，我国就将水稻、辣椒等农作物种子送上了太空。

太空变异学院

为什么要把种子送进太空呢？因为普通育种时间长、变异慢，还很不稳定。

乖孩子，这样你才能更快更好地长大啊！

呜呜呜呜，我不要离开家……

陆地培育的种子，可能会受到自然灾害等外界影响。

我的孩子呢！！！

37

太空环境特殊，而且在实验室里很安全，这能产生诱变作用，使种子迅速变异。

到一定时间，种子再返回地面，由科学家们挑选，培育新种子或者新材料。

太空育种变异多、变幅大、速度快，能用更短的时间，培育出更优质的品种。

我们可是太空留学回来的！

"太空种子"经过太空环境处理，可能展现出高产、优质、早熟、抗病等特性，为现代农业发展带来利好。

太空育种的变异率较普通诱变育种高 3~4 倍，育种周期较杂交育种，也缩短约 1/2 倍倍。

xxx 届辣椒健美大赛

还有谁！

在育种过程中，发挥作用的是太空强辐射、微重力和高真空等综合环境因素。

宇宙高能粒子辐射

宇宙磁场

高真空

微重力

地球上的种子平时受到重力影响。在失重状态下，再加上其他物理辐射的作用，就很容易产生基因变异。

啊啊啊！我飞起来啦！

经历过太空遨游的种子生长后，不仅植株明显增高增粗，果型增大，产量和品质也大为提高。

太空育种中的作物，在经历太空环境的辐射后，虽然可能产生染色体缺失、重复、易位、倒置等基因突变，但这些突变在经过严格的筛选和安全评估后，作为食品原料或直接食用均不会对人体造成危害。

太空育种也和转基因不同。转基因是将其他基因导入种子，太空育种则是让种子自身变异。

救命啊！

太空育种技术为植物遗传改良带来新机遇，可能让太空辣椒、太空黄瓜、菜葫芦和西红柿等作物口感更佳、营养更丰富。

真好吃！

2020 年 9 月前，我国已先后 30 多次运载植物种子进入太空，在上千种植物中培育出 700 多个新品种。

出发咯！

太空交流会

除了粮食、蔬菜、水果，太空育种还能培育林草花卉、中草药新品种和各种微生物新菌种。

从太空回来后，我变得更漂亮了……

太空育种是集航天技术、生物技术和农业育种技术于一体的农业育种新途径，是当今世界农业领域中尖端的技术课题。太空将不断帮助人类揭示植物和动物的奥秘，促进科学进步，为我们带来更美好的生活。

我国太空探索成就

我国航天不断探索宇宙，在新型火箭首飞、卫星导航系统、月球与深空探测等领域取得了重大成就。

嫦娥五号由轨道器、返回器、着陆器等多个部分组成，是我国首颗地月采样往返卫星。

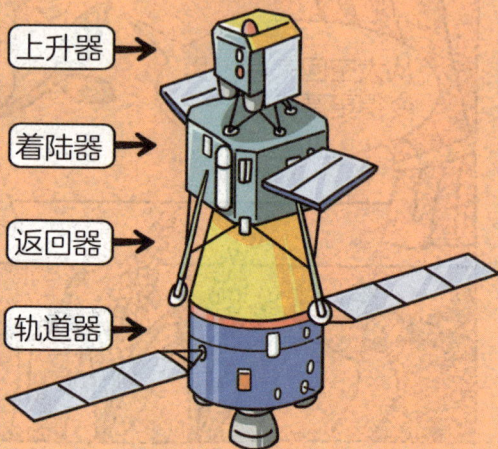

上升器 →
着陆器 →
返回器 →
轨道器 →

嫦娥五号探测器组合体总重达8.2吨，是人类无人探月史上最复杂最重的探测器。

在2020年12月17日，我可是带回了1731克月球样本哦！

北斗卫星导航系统是中国自行研制的全球卫星导航系统。

我就像北极星一样，跟着我就可以找到路了！

北斗卫星导航系统定位精度为 10 米，测速精度为 0.2 米／秒，在全球范围内全天候、全天时为各类用户提供高精度、高可靠定位的导航服务。

您已偏离路线，正在为您重新规划。

2021 年 5 月 15 号，天问一号着陆火星，意味着我国探测器探索星球的成功，是我国航天史上的里程碑。

天问一号探测器整体最宽处的直径为 4 米左右，高度超过 4 米，重量达 5 吨。

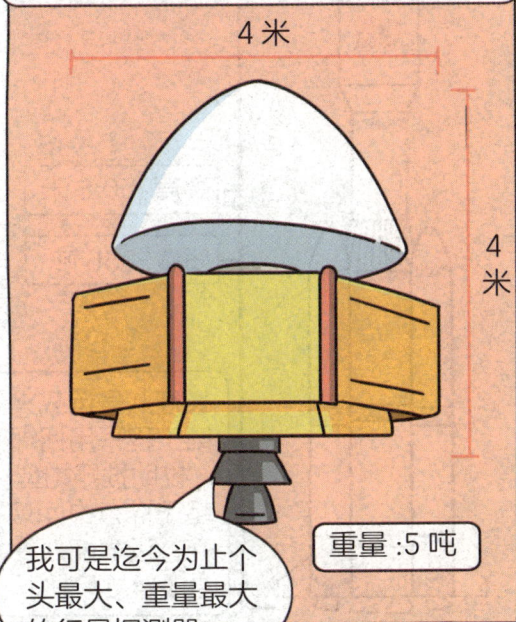

4 米

4 米

重量：5 吨

我可是迄今为止个头最大、重量最大的行星探测器。

长征五号 B 运载火箭采取一级半的"矮胖紧实"布局，采用更大的整流罩，重点服务于天宫空间站核心舱和实验舱。

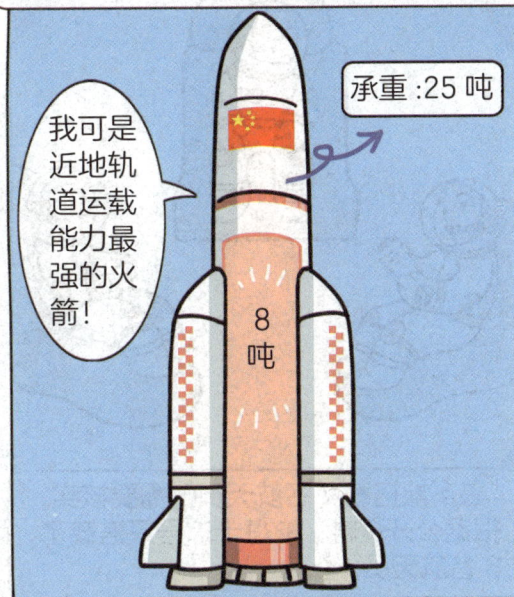

承重：25 吨

我可是近地轨道运载能力最强的火箭！

8 吨

长征五号 B 运载火箭还可以执行月球和火星的探测任务，是组合化的大型运载火箭平台。

神舟十二号，简称"神十二"，是我国载人航天工程发射的第十二艘飞船，采用三舱式构型。

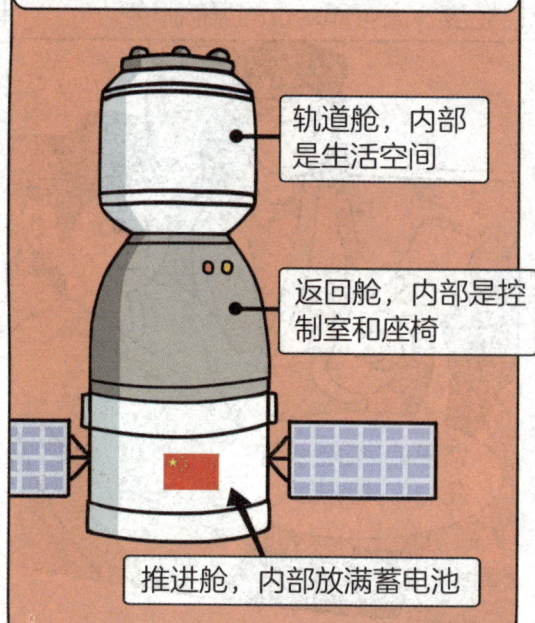

轨道舱，内部是生活空间

返回舱，内部是控制室和座椅

推进舱，内部放满蓄电池

"最多能搭载 7 名航天员"需要核实，根据公开资料，神舟十二号只搭载了 3 名航天员。

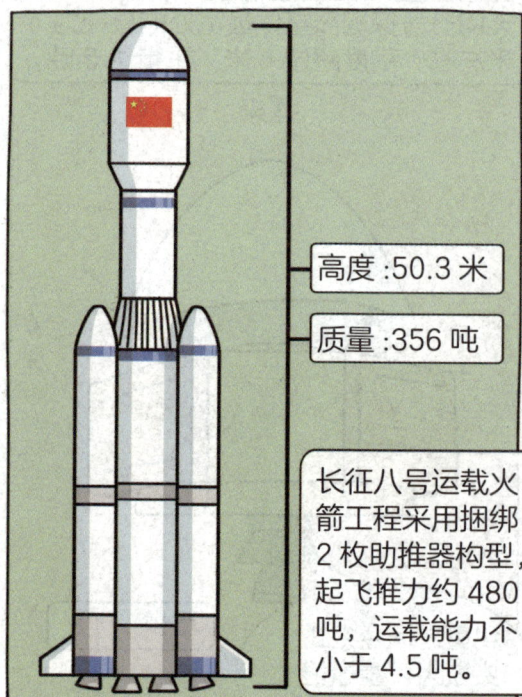

高度：50.3 米

质量：356 吨

长征八号运载火箭工程采用捆绑 2 枚助推器构型，起飞推力约 480 吨，运载能力不小于 4.5 吨。

长征八号有着高可靠性、通用化、准备周期短、发射频率高等优点，性价比更高，并且将在未来实现可回收技术。

我可以自己返回地球，更加环保省钱！

液氧液氢和液氧煤油推进剂。

长征十一号火箭采用纯固体推进剂，并且能够适用于各种陆地固定发射场、移动发射场和海上发射场等环境。

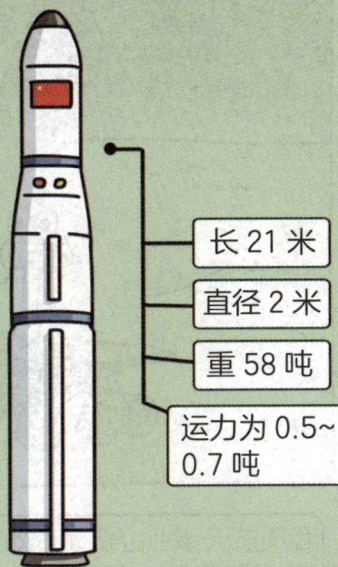

长 21 米

直径 2 米

重 58 吨

运力为 0.5~0.7 吨

长征十一号火箭以低成本执行一箭多星任务，最多可以一次发射九颗卫星。

10、9、8……3、2、1。

嫦娥探月工程

"嫦娥"探月探测器 → "玉兔"月球车

"天宫"空间站

"嫦娥探月工程"分为"无人月球探测""载人登月"和"建立月球基地"三个阶段，是我国迈出航天深空探测第一步的重大举措。

嫦娥四号和玉兔二号是仅有的两个着陆月球背后的着陆器和巡视器，玉兔二号行驶里程突破 1 000 米。

我国航天事业经历了艰难的发展，从嫦娥奔月到敦煌飞天，我们在航空航天领域取得了一个又一个突破：东方红响彻天空、神舟飞天、嫦娥探月、天宫对接。太空探索永无止境，这些成就证明了我们在航空航天领域的辉煌进步。

改变未来的前沿科技

01 基因编辑

彭麦峰 著　　一本书文化 绘

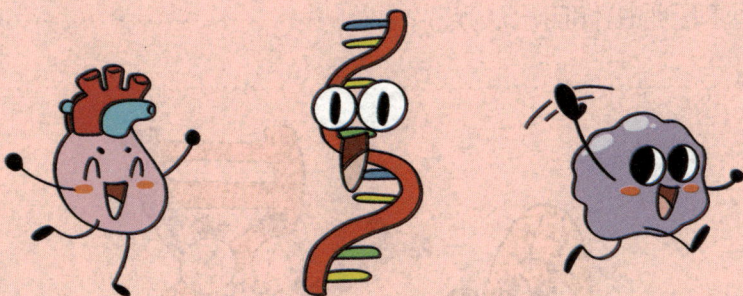

天津出版传媒集团

天津科学技术出版社

目 录

大家好，我就是大名鼎鼎的基因。我存在于所有生物的体内，掌管着生命的密码，对生物体的模样有所影响。我默默与它们共同编织生命的奇妙篇章。

想得美！种瓜得瓜，种豆得豆。

我的个头太小了，我想长成它那样。

俗话说，龙生龙，凤生凤，老鼠的儿子会打洞。

我想像小鸭子们一样学游泳。

关我啥事啊？

??？

当然了，你是爸妈亲生的呀！

为什么他们总说我的眼睛长得像妈妈，鼻子长得像爸爸？

因为你遗传了爸妈的基因啊！

科普来了，每种生物都有自己的一套基因，而且基因代代相传。所以，我就是你们生长发育的蓝图……

鸭子有鸭子的基因，绵羊有绵羊的基因，奶牛有奶牛的基因。

每个生物体内都包含无数个细胞，而基因就存在于每个细胞的细胞核中的染色体上。

还是家里舒服。

哈哈，让你们看看我的真面目。

我其实是一段很长的DNA序列。

我的身上包含很多生物密码。密码都是一段一段的，每一段都表示一个特殊的信息。

你的身体特征，都藏在这些密码中。

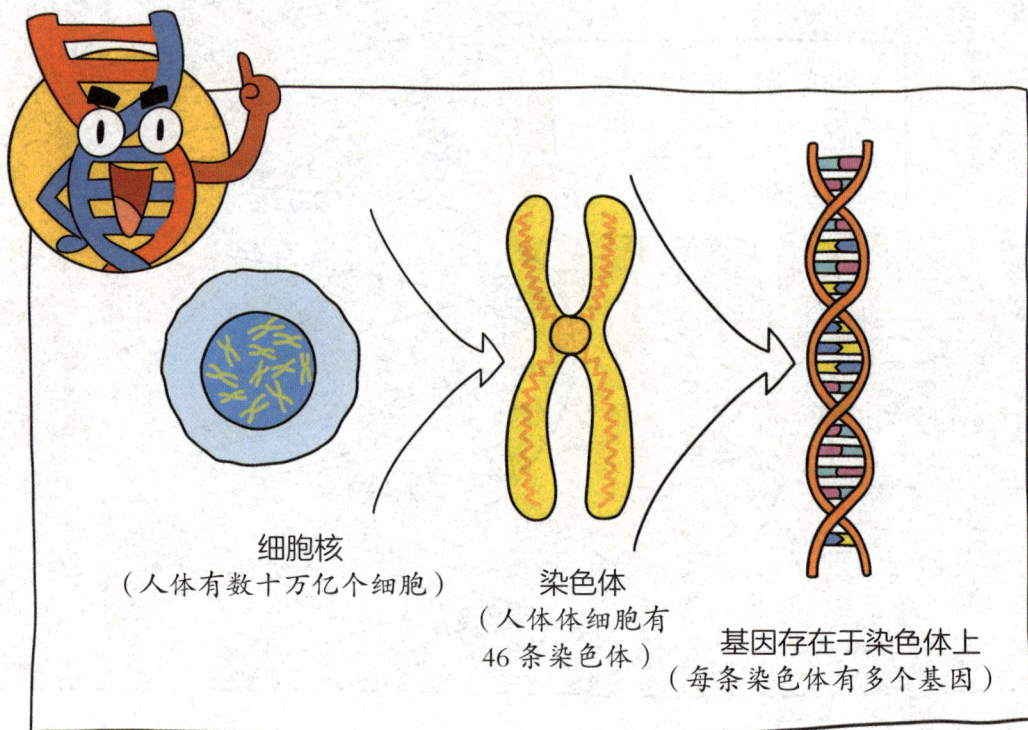

细胞核
（人体有数十万亿个细胞）

染色体
（人体体细胞有
46 条染色体）

基因存在于染色体上
（每条染色体有多个基因）

人体体细胞里有 46 条（23 对）染色体，其中 23 条来自爸爸，另外 23 条来自妈妈。这 23 对染色体，掌控着人体的特征。

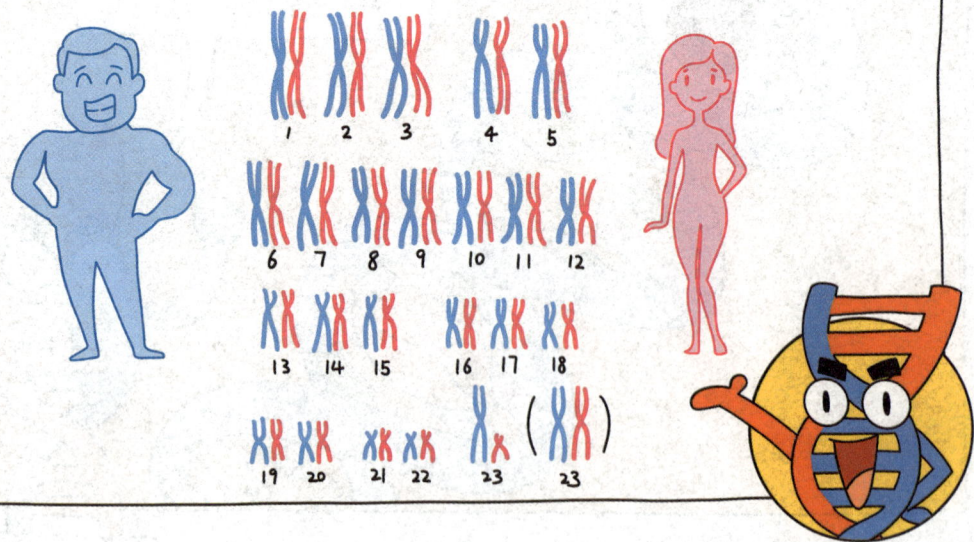

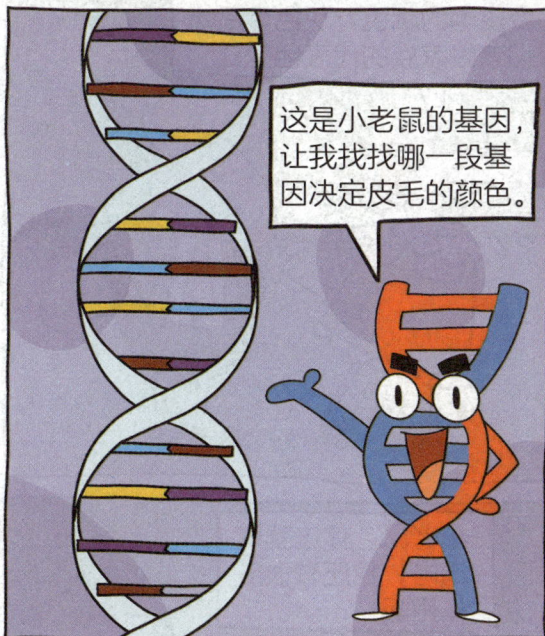

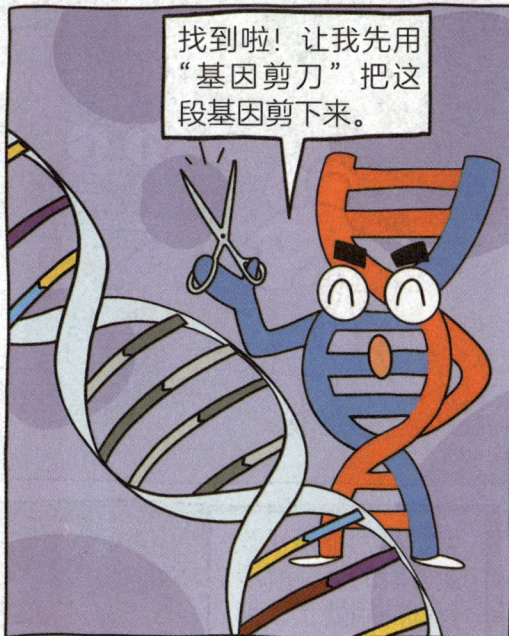

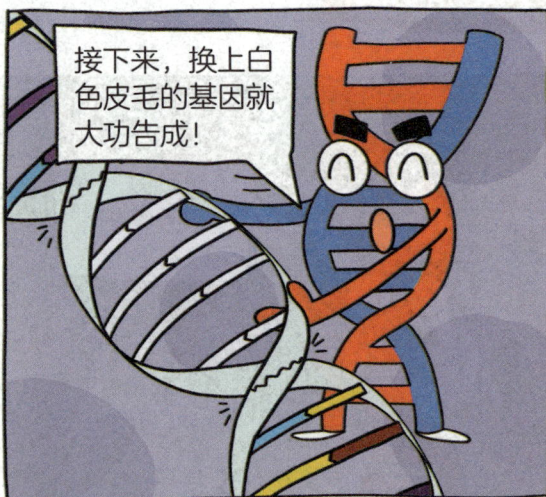

接下来，换上白色皮毛的基因就大功告成！

太棒啦！太棒啦！我变成白色老鼠啦！

小灰！！你怎么可以随便改变皮毛的颜色？灰色可是咱们老鼠家族的代表色！

可是基因不帮我改变外貌的话，就没有别的用处了。那太浪费了。

小老鼠，你这就说错啦。我还有很多作用呢！

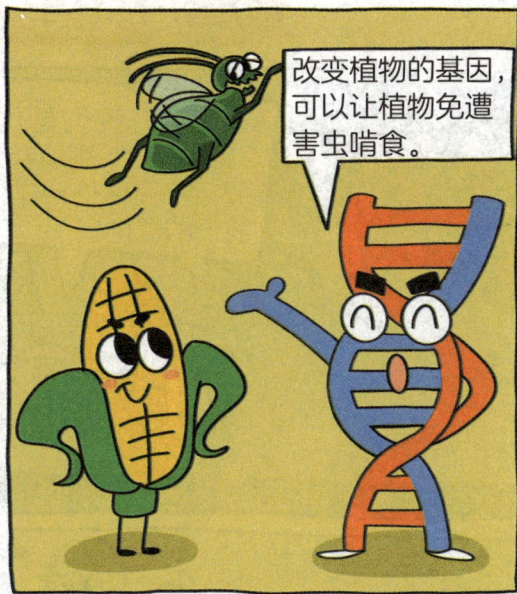

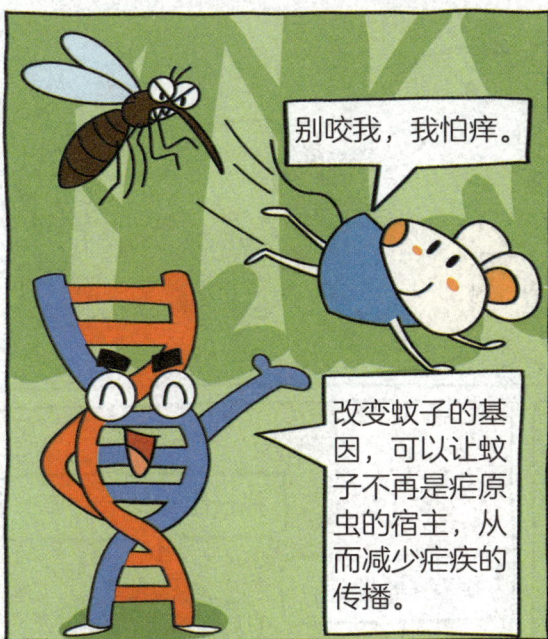

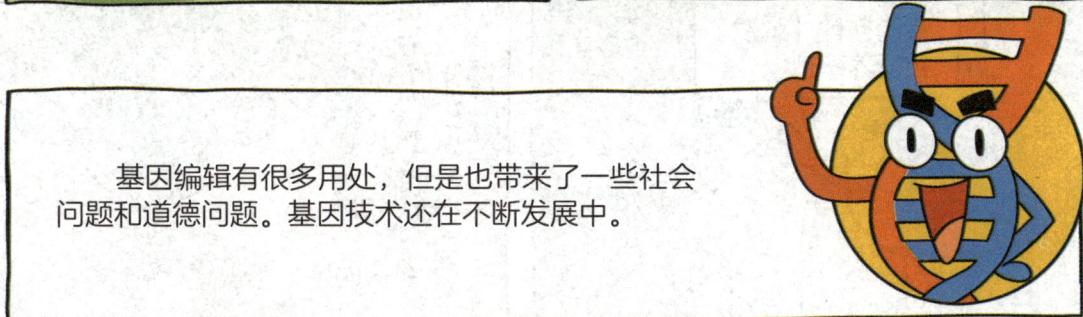

基因编辑有很多用处，但是也带来了一些社会问题和道德问题。基因技术还在不断发展中。

我是二哥磷肥，主要由磷元素构成，你今天早上吃的那个又红又大的苹果，就有我的功劳。
多亏了今年的肥料施得好！
今年的苹果真好吃！
如果缺乏磷元素，植物就很难开花。
走了走了，这里没有蜜可采了。
等等，你们忘了我！！
今年来不及了，明年早点找我吧。
P
呜呜——

2023 年我国粮食总产量达到了 69 541 万吨，这背后少不了我们三兄弟的功劳！

69 541 万吨

基因小卫士不能倒下

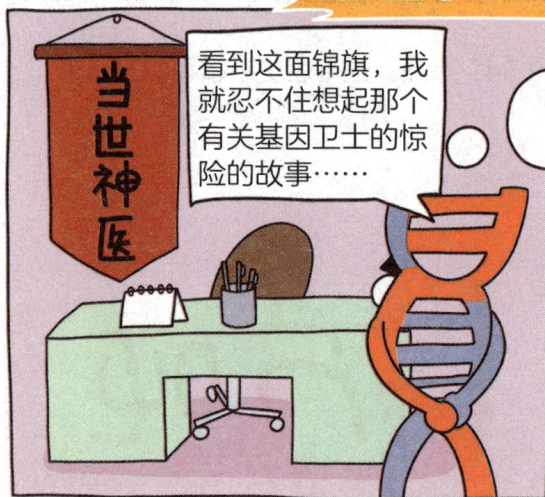

看到这面锦旗，我就忍不住想起那个有关基因卫士的惊险的故事……

当世神医

每个健康人的体内，都有"基因卫士"。当基因出现问题时，卫士会修复基因。

当基因受损严重时，基因卫士会阻止DNA的复制，防止受损基因给人体造成伤害。

然而，基因卫士也会生病，一旦基因卫士生病，受损的细胞就可能畅通无阻地分裂，甚至发生癌变，让人患上癌症。

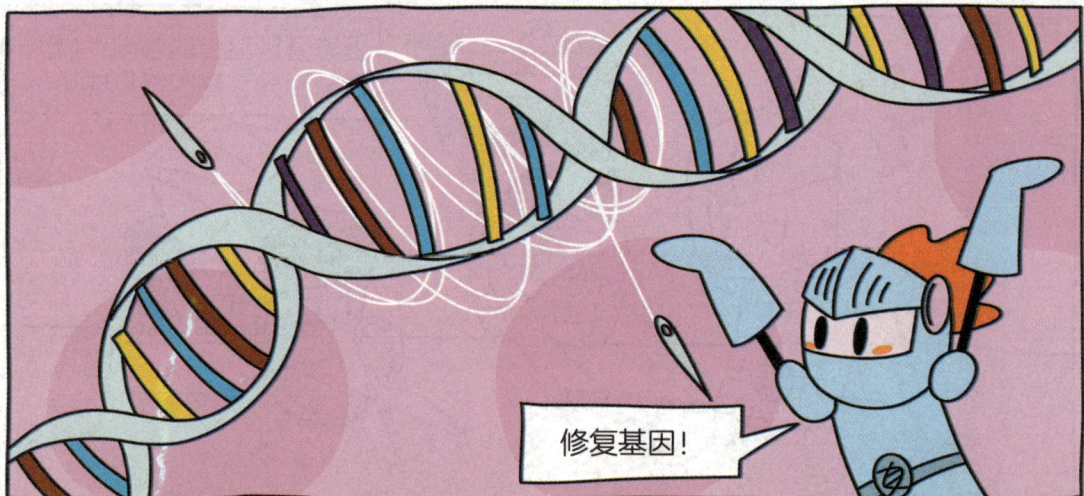

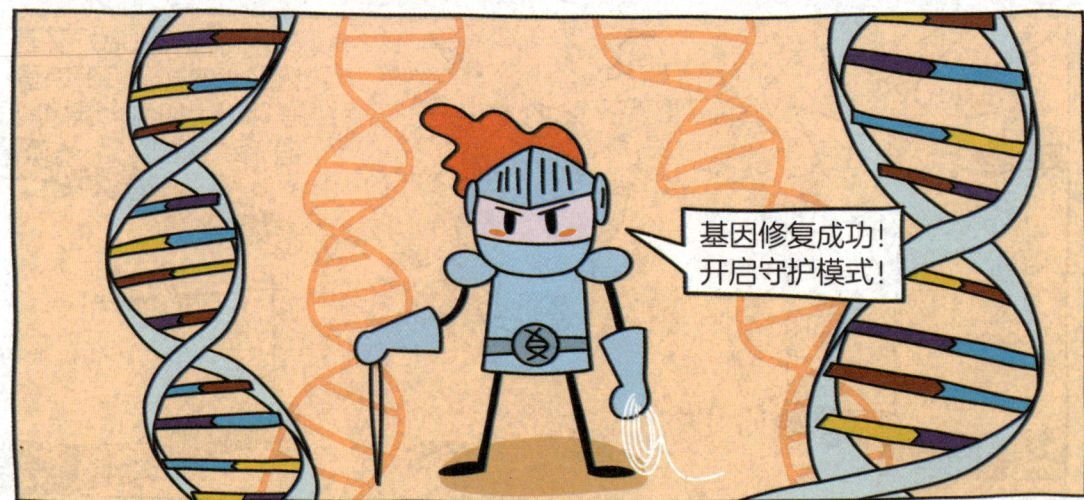

基因卫士，非常感谢你的帮助。未来我要成为一名医生，帮助更多像我一样生病的小朋友恢复健康。

当世神医

从那以后，小女孩恢复了健康，也和基因先生成了好朋友。

太好了！

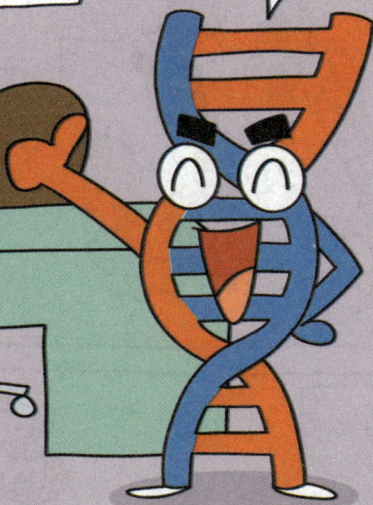

基因卫士的名字叫"p53 基因"，是人体抑制癌症的基因。健康的 p53 基因会生产出 p53 蛋白质，守护基因的健康。

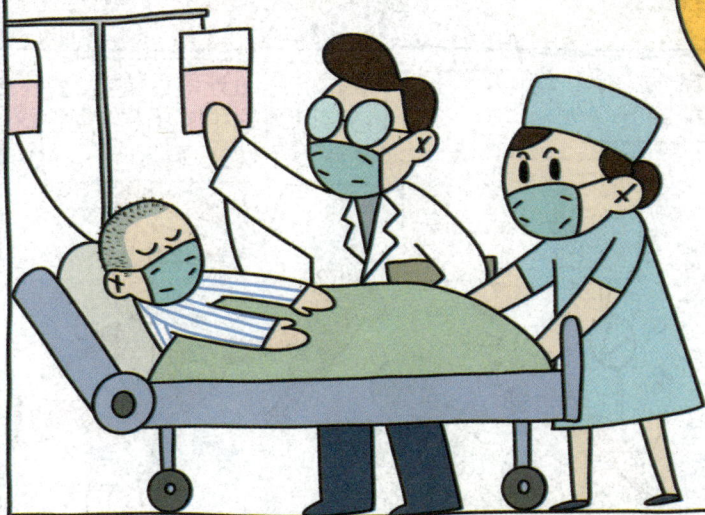

大自然中有很多关于基因的故事。这天，基因先生就在大海里解决了一场纠纷，让我们看看是怎么回事吧。

大海好美啊！

小偷！抓小偷！

哼，我才不是小偷！

绿叶海蜗牛为了进行光合作用来获得能量，偷了我的叶绿体基因！

发生什么事情了？

我才没有偷你的基因，我体内可以进行光合作用的基因，是我的祖先遗传给我的！

小偷！你就是小偷！动物怎么可能有叶绿体！

我不是！我不是！基因是祖先遗传给我的！

让我们用时光望远镜，看看绿叶海蜗牛的祖先，到底遇到了什么事情吧。

叶绿素存在于叶绿体中，是植物进行光合作用的关键物质。

海里的能量太少，生存太困难了。这么下去，我迟早要饿死。

我体内有叶绿素，可以帮助我通过光合作用获取能量。我可以给你一些叶绿素。

太感谢你了，海藻先生。

别担心，我已经和能够进行光合作用的基因结合了，以后孩子们也可以自己进行光合作用了。

我是吃饱了，可是我的孩子们以后该怎么办呢？

原来是一场误会啊！对不起，绿叶海蜗牛，我错怪你了。

原来是海藻先生的祖先送给了绿叶海蜗牛先生的祖先一些叶绿素啊。后来，绿叶海蜗牛先生的祖先进化出了可以进行光合作用的基因。

哼！

绿叶海蜗牛是目前发现的唯一一种可以进行光合作用的动物。

小麦和玉米，在进化过程中都获得了其他物种的基因。自然界中，有关基因的故事无处不在……

哎呀，这是什么东西？！

这天，基因先生正在街上散步，突然一个不速之客迎面而来。

塑料制品很难分解，这么多塑料袋会对环境造成很严重的污染。看我用基因技术制造超级细菌，分解塑料袋里的有害成分！

基因先生培育了能够快速分解塑料制品的"超级细菌"，用来解决塑料污染问题。

污染问题刚解决，一位农民伯伯急急忙忙跑来了。

不好啦不好啦，基因先生，请你帮帮我！

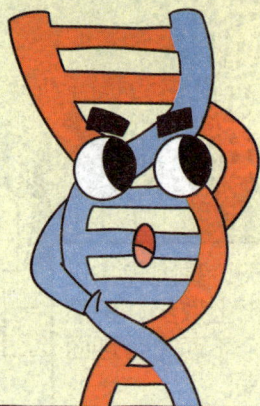

有一种病毒可以杀死害虫，还不会污染环境。但是这种病毒的毒性不是很强，为了使杀虫效果更好，我要利用基因技术，让这种病毒更强大。

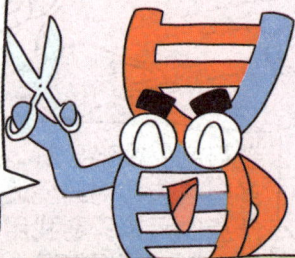

唉，农田里害虫多，用杀虫剂的话，杀虫剂残留在土壤里很难被分解；不用杀虫剂的话，庄稼就被害虫吃完了。我不知道该怎么办了，希望你帮帮我。

发生什么事情了？

看，超级病毒已经开始发挥作用啦。

太好了，非常感谢你，基因先生。

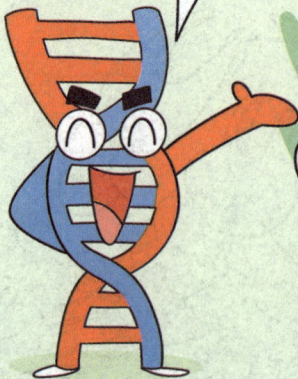

利用基因技术培育超级细菌，在理论上具有分解塑料的潜力，这对于解决塑料污染问题具有重要意义！

利用基因技术培育超级病毒消灭害虫，可能在短期内有效控制害虫数量，但可能会破坏生态平衡，引发一系列未知的生态问题。然而，这并不意味着我们应该完全否定基因技术在害虫控制方面的潜力。相反，我们应该探索更加安全、可持续的基因技术方法，实现人与自然的和谐共生。

我来弥补爸爸妈妈的基因缺陷

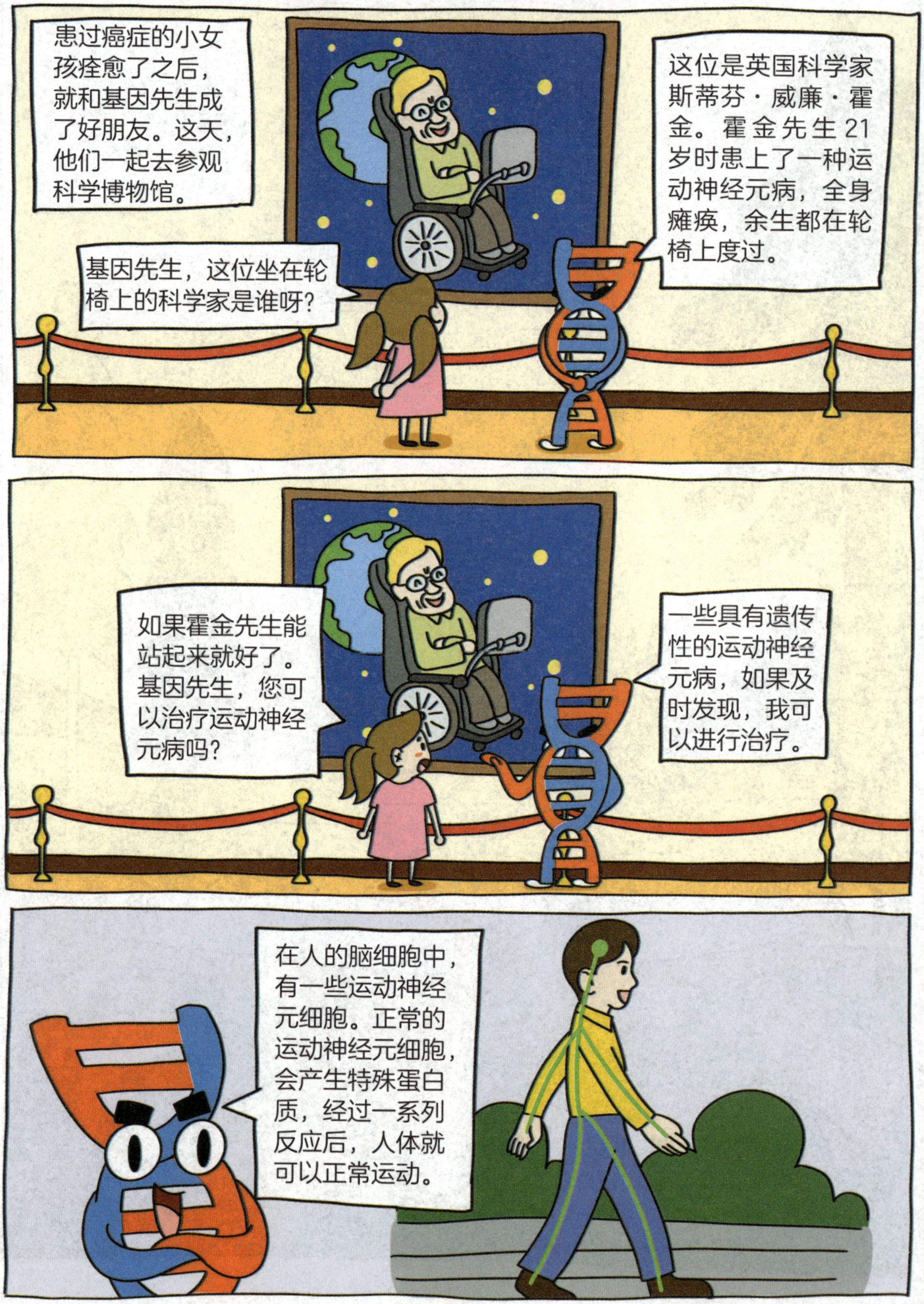

斯蒂芬·威廉·霍金在 21 岁时患上运动神经元病，尽管全身瘫痪，不能言语，手部只有三根手指可以活动，但是他没有放弃对科学的追求。他推导出了黑洞面积定理，与彭罗斯一起证明了广义相对论的奇性定理，建立了无边界的霍金宇宙模型。

　　他是当代伟大的物理学家、宇宙学家、数学家。

　　2018 年 3 月 14 日，霍金逝世，享年 76 岁。

《基因大作战》

主角：CRISPR-Cas 系统
坏蛋基因
细胞先生

参观完科学博物馆，基因先生带小女孩来到电影院，看了名叫《基因大作战》的电影。

细胞先生的体内，出现了一个坏蛋基因，这个坏蛋基因给 DNA 链造成了巨大的痛苦。细胞先生决定去看病。

我要找 CRISPR-Cas 系统帮忙。

CRISPR-Cas 系统由两大部分组成。

我们的组合是：CRISPR-Cas 系统！我们的特长是：识别并切割基因！

我是 Cas9 蛋白，虽然看起来黏乎乎的，但我可厉害了。

你们看看我，是不是和 DNA 很像？哈哈，我们的名字也很像，我叫 RNA。

25

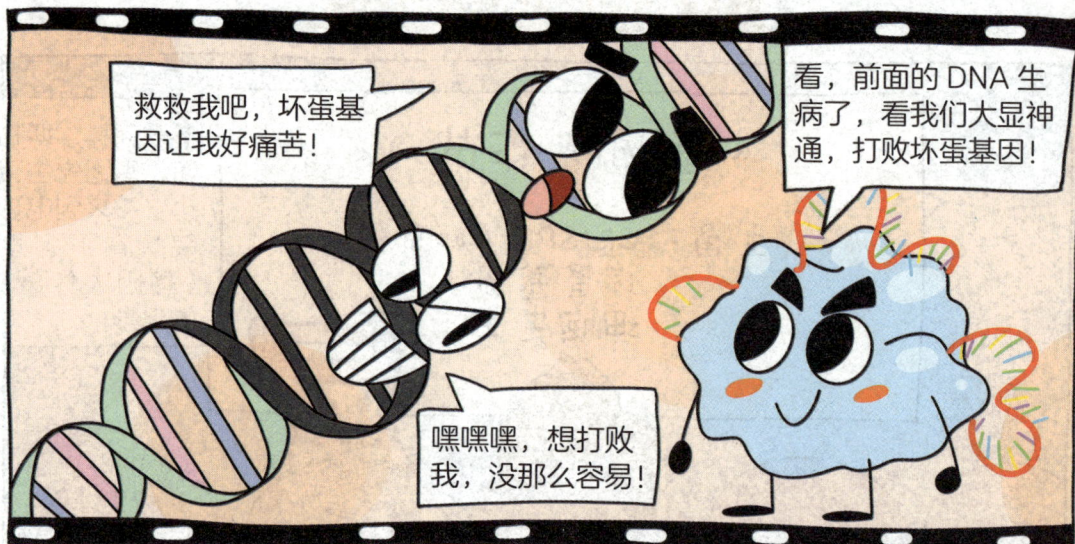

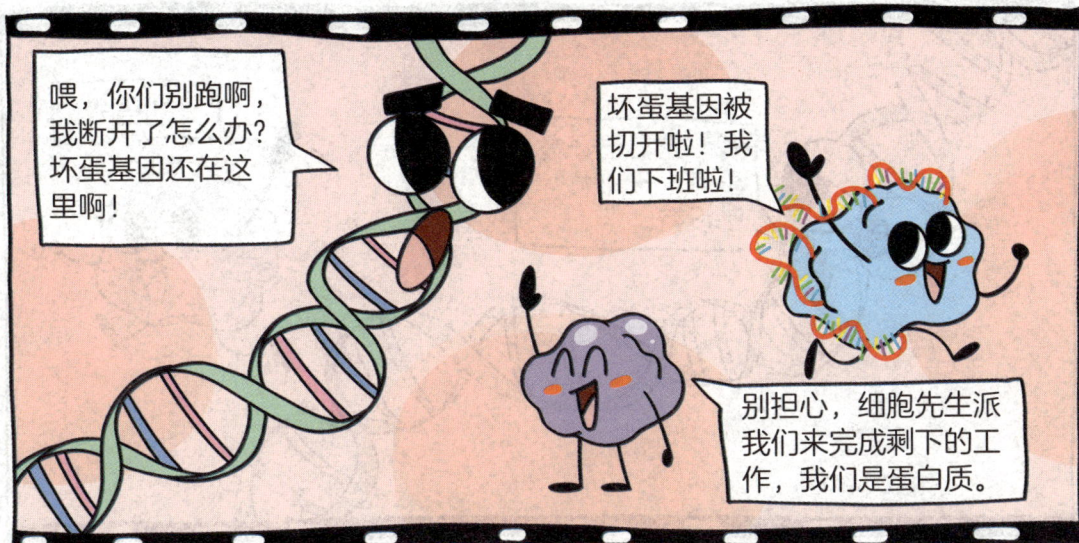

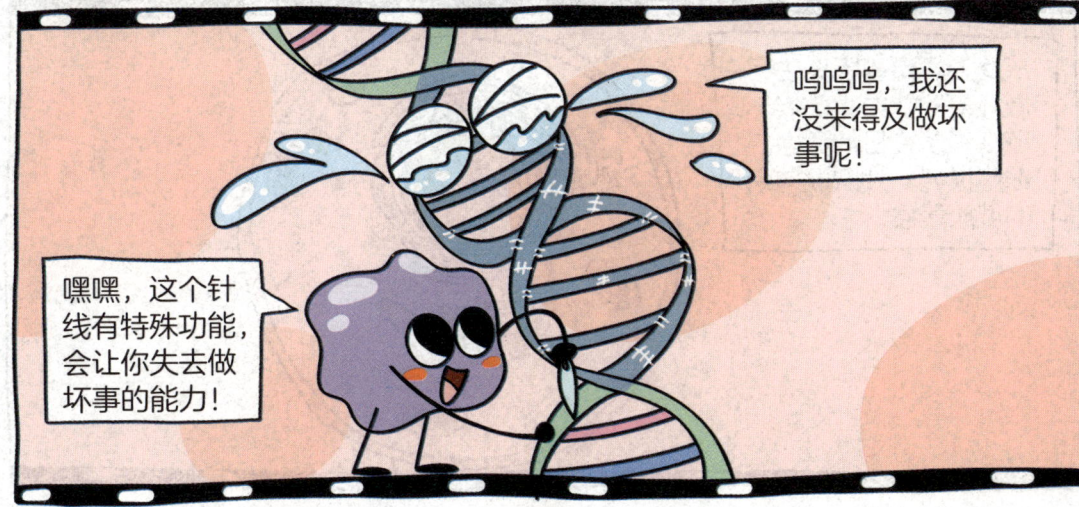

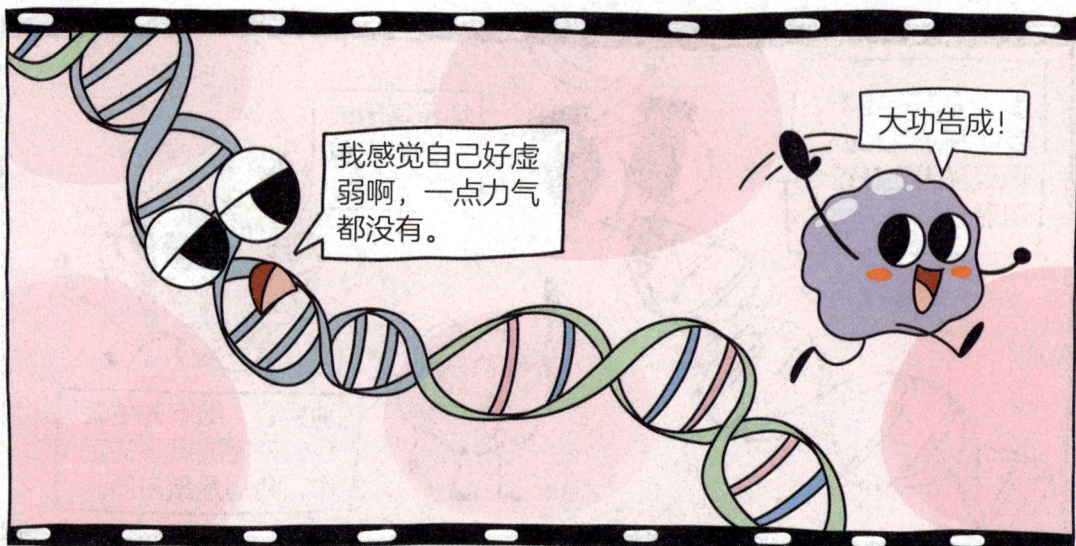

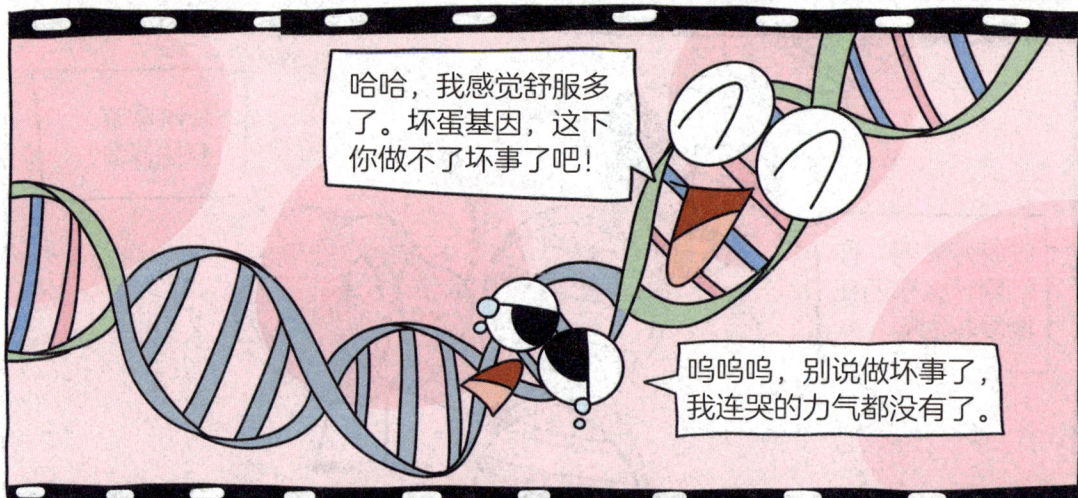

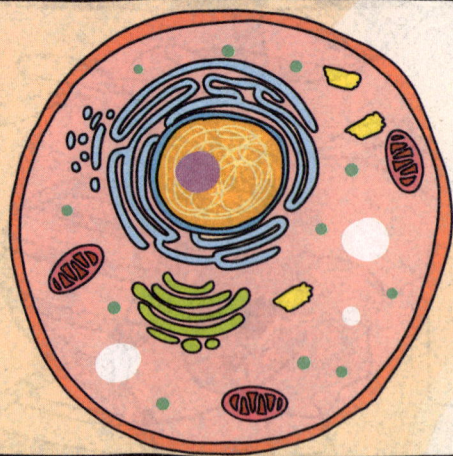

CRISPR-Cas 系统：存在于大多数细菌中的一种获得性免疫系统。

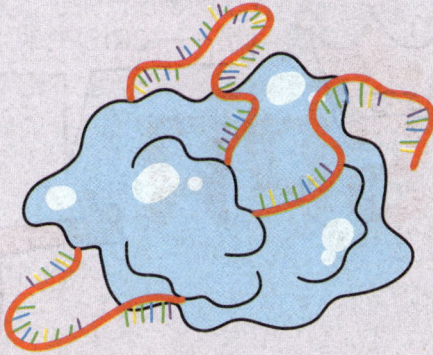

获得性免疫：又称特异性免疫，这种免疫只对一种病原体有作用。病原体指的是导致动物、植物等生病的微生物。

核糖核酸（缩写为RNA），是存在于生物细胞以及部分病毒、类病毒中的遗传信息载体。RNA 由核糖核苷酸经磷酸二酯键缩合而成长链状分子。一个核糖核苷酸分子由磷酸、核糖和碱基构成。

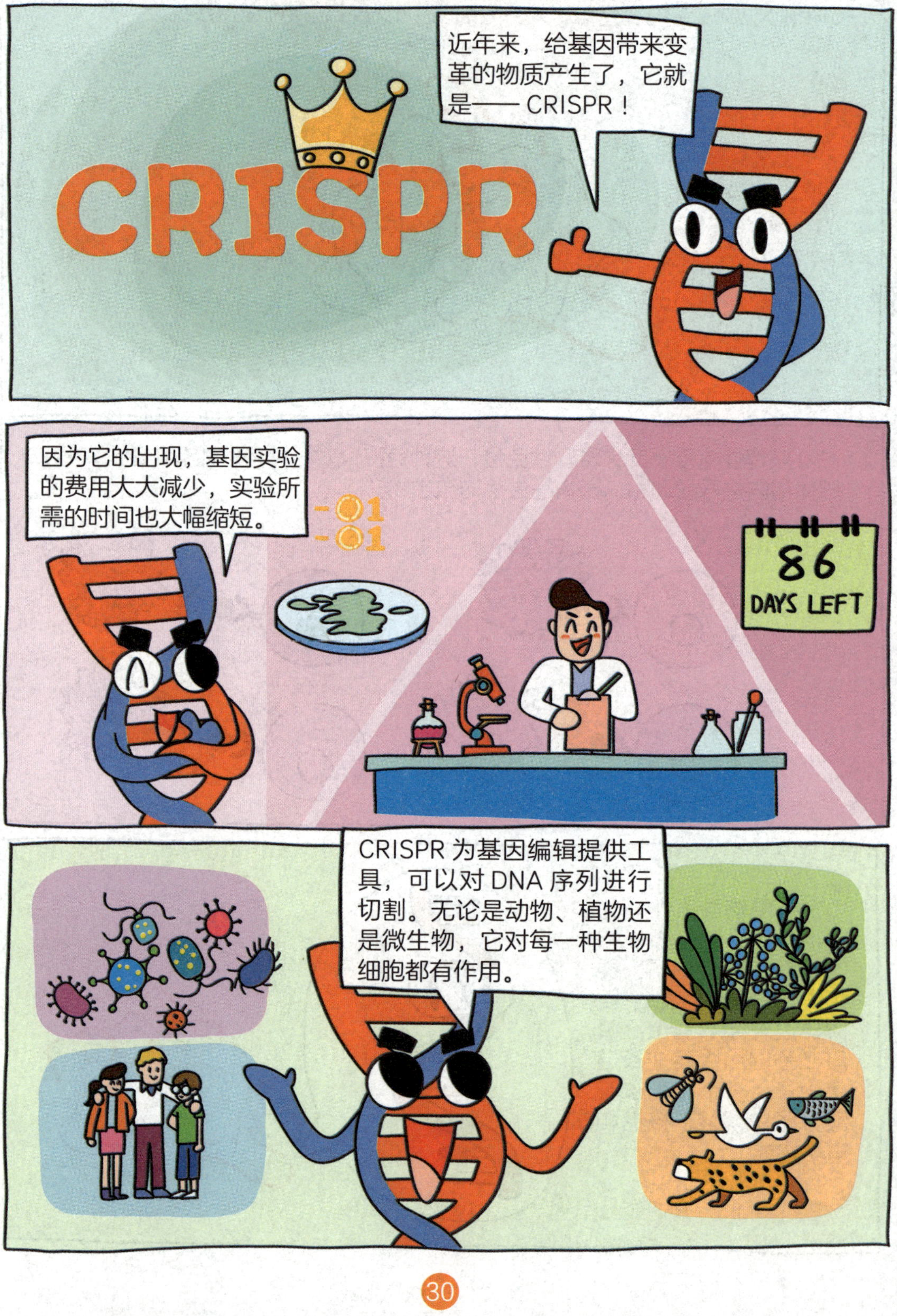

近年来，给基因带来变革的物质产生了，它就是—— CRISPR！

CRISPR

因为它的出现，基因实验的费用大大减少，实验所需的时间也大幅缩短。

86 DAYS LEFT

CRISPR 为基因编辑提供工具，可以对 DNA 序列进行切割。无论是动物、植物还是微生物，它对每一种生物细胞都有作用。

从 20 世纪 90 年代开始，科学家们就在研究基因改造。动物的基因改造技术也越来越成熟。

现在，科学家已经培育出了肌肉猪、速生鱼、无毛鸡和透明蛙。

基因编辑能够不断扩大动植物的基因优势，使其为人类所用。随着改造技术的不断发展，基因一定能成为人类源源不断的资源宝库！

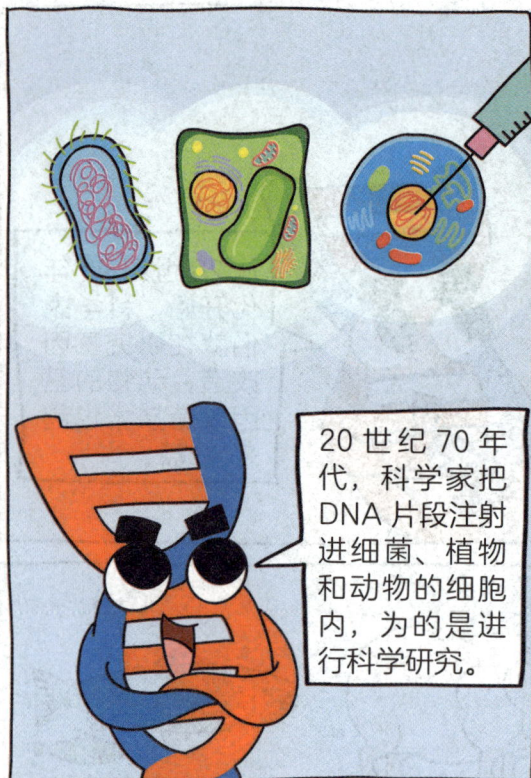

20世纪70年代，科学家把DNA片段注射进细菌、植物和动物的细胞内，为的是进行科学研究。

说的就是我哟。

最早的转基因动物诞生于1974年。

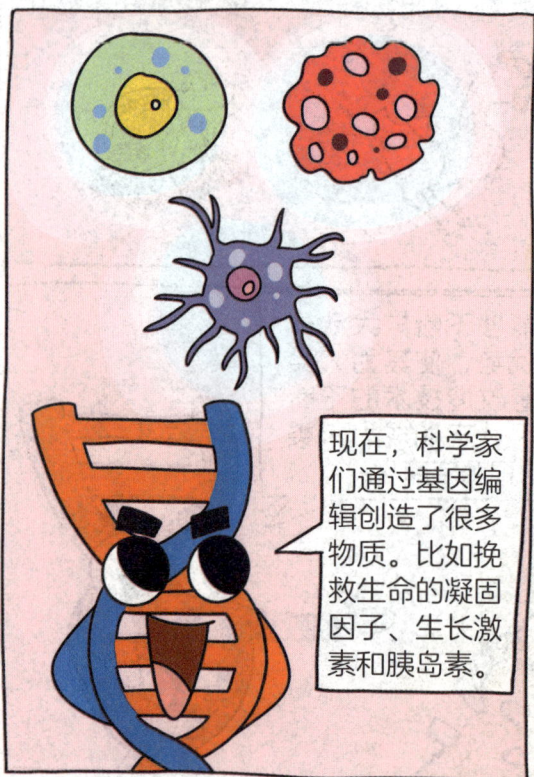

现在，科学家们通过基因编辑创造了很多物质。比如挽救生命的凝固因子、生长激素和胰岛素。

1994年，转基因食物第一次正式出售。

我是转基因西红柿，比普通西红柿保存的时间长多啦！

小朋友们，今天我带大家一起看看我的成长过程。

关于基因的故事马上要结束了，一起来看看基因先生这一次给我们带来了什么精彩的内容吧！

1953年，科学家发现了DNA具有双螺旋结构。

我发现了生命密码！

20世纪60年代，科学家用辐射诱导植物基因突变。

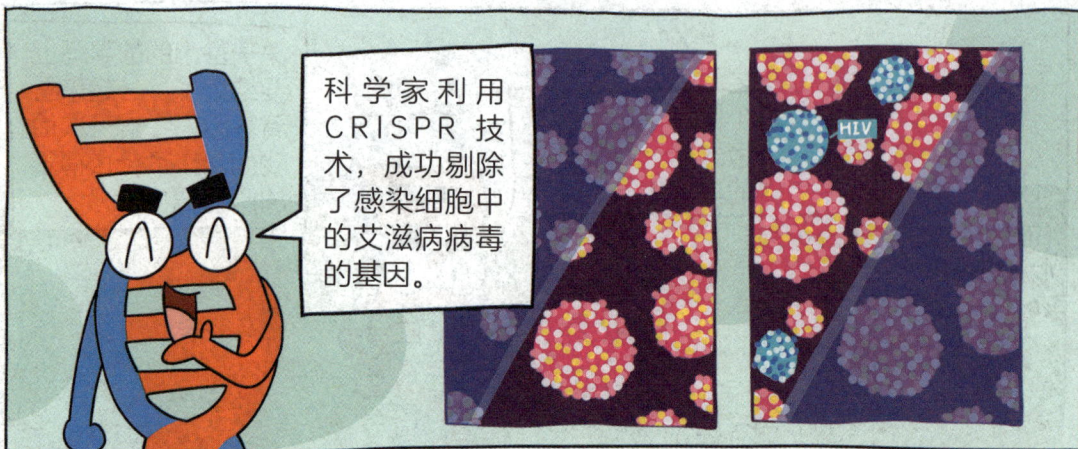

科学家利用CRISPR技术，成功剔除了感染细胞中的艾滋病病毒的基因。

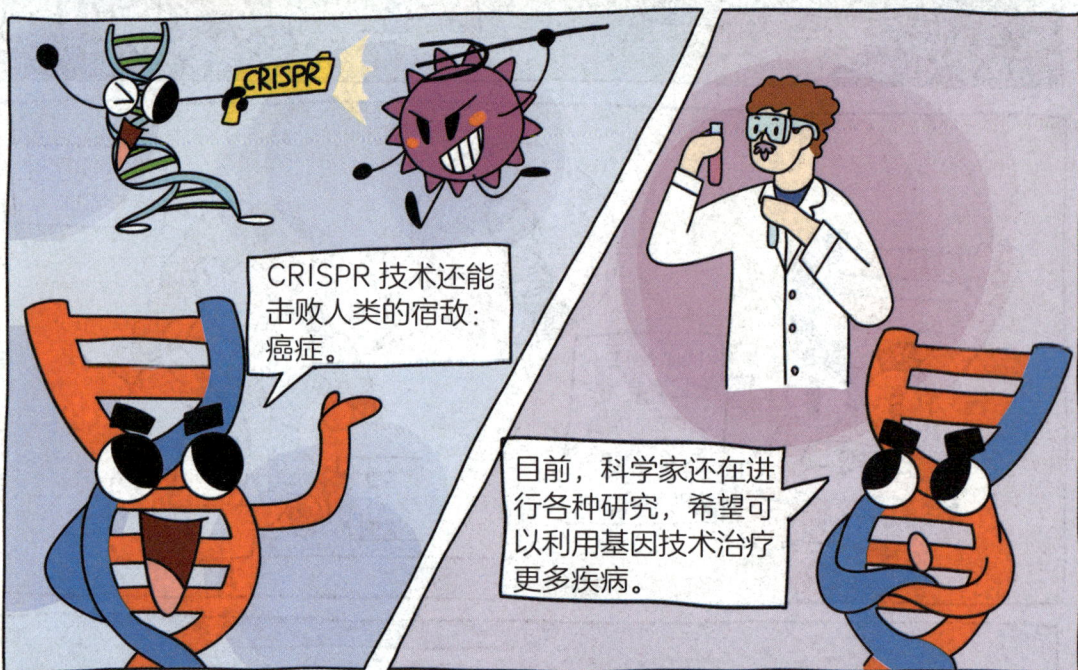

CRISPR技术还能击败人类的宿敌：癌症。

目前，科学家还在进行各种研究，希望可以利用基因技术治疗更多疾病。

小朋友，你希望基因还能做什么呢？

人类的细胞里，有原癌基因和抑癌基因。原癌基因就像油门，而抑癌基因就像刹车。你刚才踩油门，车会往前冲。原癌基因变强大的时候，就可能诱发细胞的癌变，这就是癌症产生的原理。

现在，我们再思考一下大象为什么不会得癌症。一起来玩"慢慢车"游戏吧。

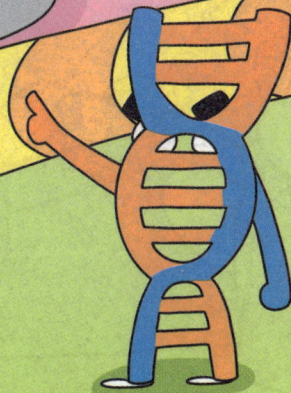

慢慢车

那么人类该怎么维护好自己唯一的"刹车系统"呢？

当然是早睡早起，认真锻炼，吃健康的食物，不吸烟。还有很重要的一件事——保持好心情！

哈哈，那我们别坐着了，去森林散散步吧！

求之不得！

表观基因组由你自己决定

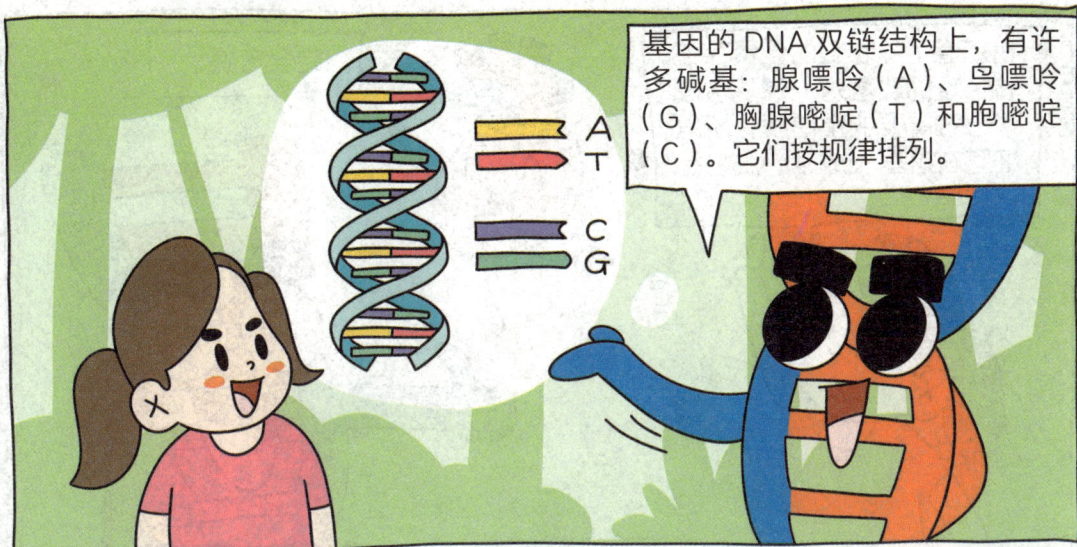

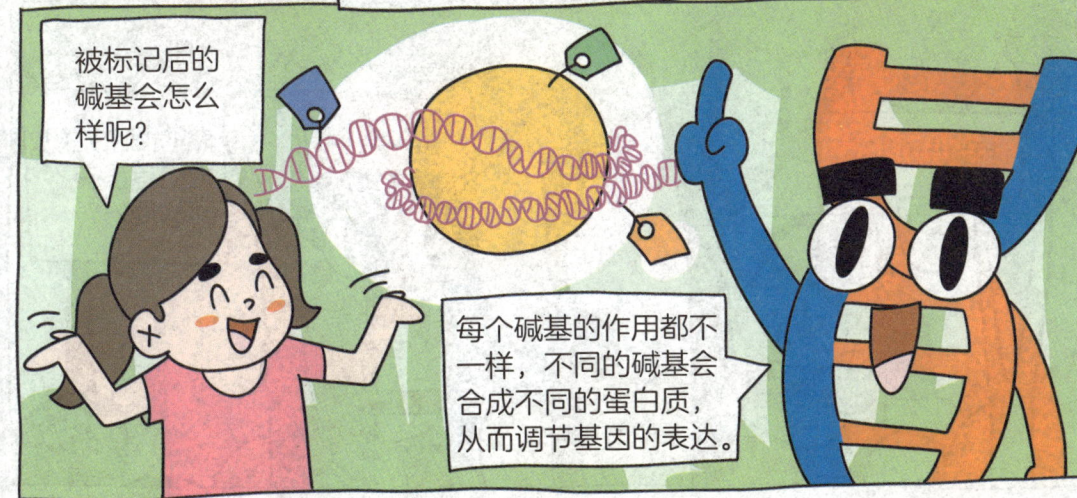

趣味知识拓展

橘生淮南则为橘，生于淮北则为枳。为什么一样的基因，会长出不同品种呢？

受环境影响，淮南和淮北的种子有了不同的性状，所以有了不同的品种。

淮北

其实，在典籍中，也有和基因有关的故事。

淮南

王侯将相宁有种乎？

王位可没有基因信息，这个不能遗传。个人的命运，要靠自己奋斗！

正是因为王位没有遗传基因，陈胜才有机会成为中国历史上有名的起义英雄。

龙生龙，凤生凤，老鼠的儿子会打洞。为什么老鼠生不出龙凤呢？

是遗传基因在起作用。

日常生活中，人们的话语里也藏着关于基因的信息。

科学旅程

英国科学家胡克发现了细胞。

1665年

1865年
孟德尔发现了遗传规律。

高尔顿提出"优生学"

1883年

1909年
约翰逊提出"基因"这一概念

摩尔根的《基因论》出版，为细胞遗传学的发展奠定基础。

1928年

伯格开启了基因重组技术的研究。

1953年
科学家发现了DNA双螺旋分子结构模型，奠定了分子生物学的基础。

1970年

当前
用于"编辑"与改变人类基因组的新方法相继问世，同时引发了一系列有关道德伦理的争议。

图书在版编目（ＣＩＰ）数据

改变未来的前沿科技：全10册 / 彭麦峰著；一本
书文化绘. —— 天津：天津科学技术出版社，2024.6
　　ISBN 978-7-5742-1586-3

　　Ⅰ. ①改⋯ Ⅱ. ①彭⋯ ②一⋯ Ⅲ. ①科学技术－儿
童读物 Ⅳ. ①N49

中国国家版本馆CIP数据核字(2023)第237715号

改变未来的前沿科技：全10册

GAIBIAN WEILAI DE QIANYANKEJI:QUANSHICE

责任编辑：陶　雨　张　婧　关　长
责任印制：兰　毅
出　　版：天津出版传媒集团
　　　　　天津科学技术出版社
地　　址：天津市西康路35号
邮　　编：300051
电　　话：（022）23332400（编辑部）
网　　址：www.tjkjcbs.com.cn
发　　行：新华书店经销
印　　刷：运河（唐山）印务有限公司

开本　710×1000　1/16　印张　30.75　字数　78 000
2024年6月第1版第1次印刷
定价：298.00元

改变未来的前沿科技

02 半导体

彭麦峰 著　一本书文化 绘

天津出版传媒集团
天津科学技术出版社

目 录

生活中处处可见我的身影

你好，我是半导体，生活中的很多电子产品都离不开我！

常见的 LED 灯、LED 显示屏都是由我制成的！

手机屏幕

节能灯

LED台灯

OLED屏幕

我是射频电路装置，我也是由半导体组成的电子元件哦。

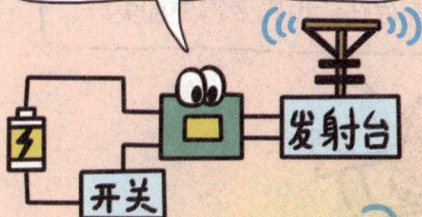

发射台

开关

路由器

我身上最重要的部分是射频电路装置，由它负责发射信号。

超大功率的半导体激光灯，也是由半导体制成的激光器组成的。

好漂亮！

由半导体制成的我，可以照亮更多的地方！

可让机器实现感知，获得类似于人的感觉功能的各种传感器，也有我的功劳。

温度传感器

空气传感器

压力传感器

湿度传感器

光传感器

等离子传感器

太阳能电池也是由半导体材料制造的。

人造卫星

太阳能车

太阳能热水器

我还是芯片的主要成分，用半导体材料（单晶硅）制作的芯片能让各种机器正常运转。

CPU

内存条

介于绝缘体和导体之间，我们的存在让世界变得更加美好！

导体

绝缘体

想知道为什么我们这么强大吗？下节为你解答！

大家好啊！我就是半导体中的电子，虽然看起来个头小，但是我的本领可不小哦！我和我的小伙伴们多数时间都是中规中矩地排列着，但是……

好热啊！不能继续待在房子里了，赶紧跑出去！

电流

太好啦！小电子们都被热跑了，这下就没人能阻拦我通过半导体了。

呢？

没想到吧！我可是冬天里的暖宝宝！

电子离家出走，电流就有机可乘。科学家利用半导体遇热导电的特点，发明了半导体加热器。

在半导体中掺入杂质，就能将我们和电子分隔开。电子力量就发挥不出来了。电流那个"坏蛋"就又会找上门来。

杂质

暂时不通。

说出来你们可能不相信，我是隐藏的魔法师，我有时能放行电流，有时又能阻绝电流。

由于半导体可以阻拦电流通过，也被广泛应用于工业制造各领域。

我的绝缘性，能保护那些电子元器件免受来自外界的伤害！

既能导电又能绝缘，全能的我就是这么任性！

因为天气太冷了，在电视机里工作的半导体家族快进入"冬眠"状态啦。

咦？爸爸妈妈，为什么电视上看不见熊大熊二，反而是一条条黑白的雪花条纹呢？

儿子，一起去看望在电视机里工作的半导体家族吧！

原来是因为有你们，我才能看见喜欢的动画片呀！但是为什么我现在看不了呢？

你好……

有什么办法能让半导体家族不想睡觉吗？

当然有了！我们可以给它们穿上"毛衣"，再安上一盏明亮的"台灯"，这样它们就不会因为黑暗和寒冷而犯困了。

对不起，这里面又黑又冷，我和朋友工作得太无聊，快要睡着了。

我们会因为温度的上升而更加活泼，这是我们的热敏性。

硅

我们会因为亮度的增加而更加开心，这是我们的光敏性。

硼

我们会因为新朋友的加入而更加激动，这是我们的掺杂性。

磷

半导体是一类很特殊的家族。

一家人终于可以安心看电视了。

我有两种导电粒子

滋滋滋，大家好，我是既能导电也能绝缘的半导体！大家知道我是怎么导电的吗？

因为我有两种导电粒子——自由电子和空穴！

空穴

原子核

自由电子

在半导体中，自由电子带负电，空穴带正电。

我在这里！

我在这里！

我们一起合作，半导体才可以导电！

通电了，伙伴们，动起来！

半导体置于电场作用下，一个自由电子号召其他自由电子动起来，移动填充到空穴的位置上。

啊，我的位置被占了！是时候去找个新位置了！

旧电子的位置被新电子占据后，使得旧电子不得不继续向前寻找新的空穴，于是电子就在这样的情况下快速移动了起来。正是因为它们这样不断交换位置，半导体才有了导电效应。

小朋友们，通电时，通过自由电子和空穴不断交换位置，我就可以导电了。你们懂了吗？

真拿你们没办法，一通电就这么活泼！

我们动起来，你才能导电啊！

9

当然，也不是所有的能量都很"辛苦"！

看！有能量在"偷懒"！

能量物体在单位时间内做的功叫作功率，可以表示做工的快慢。

你太慢了！

电流站

?

功率越大，说明产生的我越多，消耗的能量也更多；功率越小，产生的我越少，消耗的能量也更少。选择功率小的电器虽然更省电，但是要贴合实际，合适的才最重要！

30%
30%
30%
30%

妈妈，这个功率小比较省电！

看不清……

傻孩子！功率小的台灯亮度也低呀。

我和能量密不可分，从太阳能变成电能，再变成光能，根据人们的需要转换成不同的能量。虽然大家可能看不到我，但是我在人们的生产生活中有着很大的作用呢！

小星，爸爸今晚要出去应酬，让妈妈带你去吃饭。

小星，妈妈临时要加班，我把你送去外婆家好不好？

小星的童年是在机器小狗的陪伴下度过的……

汪汪汪！美好的一天从早起开始，小主人该起床上学啦！

哇！今天应该是个大晴天！

小黄小黄，给我讲个睡前故事吧。

好的主人，今天我们听猴子捞月的故事。从前森林里有一只猴子，它很喜欢天上的月亮……

和机器小狗一起，小星拥有了一个幸福的童年。

随着时间的流逝，机器小狗零件逐渐老化，响应不再顺畅……

小黄小黄，半导体是什么？

正在——滋滋——
搜索——滋滋——

妈妈，你看见小黄了吗？

哦，它不是要坏了吗？我就把它放杂物室了，省得占地方。

科技飞速发展的现在，仅有初代人工智能技术的机器小狗被遗忘抛弃……

小黄小黄，你放心，我一定会让你重新"活过来"，再次感受世界的丰富多彩。

热烈庆祝星星团队成功研发新型半导体芯片

半导体芯片不同于早期的人工智能编程，它是作为一个独立的驱动力为机器运行提供"大脑"，让机器可以真正有多种感觉，感受世界美好……

星博士，可以讲一下最新一代半导体芯片对于机器的具体提升吗？

欢迎主人回家，已自动打开恒温系统，灯光开启舒适模式，浴室已为你准备好。

好的，谢谢小黄。

半导体技术让每个机器有多维感受世界的机会。

我知道了！和智能手机是一个道理，机器人也可以通过配置半导体芯片，实现类人的神经智能运算！

欸！欸欸！博士你去哪里？

将机器人搭配半导体芯片，使其模拟人脑的思维过程，可以大幅度提高它的智能性，这对模糊信息处理等方面是最好的解决方式！

所以我们可以将传统芯片改为半导体芯片，让机器人变得更聪明能看穿陷阱！

（主持人）本届世界智能机器人大赛最终的冠军是——半导体芯片机器人！

我能把微弱的信号放大

优优家住在一座海岛上，风光宜人，许多动物都生活在这里。

喳喳！优优早上好呀！

小鸟们早上好呀。

这天，岛畔来了一位不寻常的朋友。

欸！你是海豚吗？怎么会出现在这里？

你好，这是你家吗？我和爸爸妈妈走丢了，因为距离太远，我的声波信号无法传给它们，我找不到回家的路了，呜呜呜……

原来你迷路了呀！没关系你别哭啦，我们帮你一起找爸爸妈妈哦！

你还记得你家附近有什么吗？

嗯……我想想……我家门口有一只很大的金色贝壳和许多五颜六色的珊瑚。

我们先去帮你找找家门。

小海豚，你还记得爸爸妈妈的外貌特征吗？我可以叫我爸爸帮你一起寻找！

唔……我爸爸很高很壮的，它背部的颜色比我深很多……

小海豚，我把爸爸找来帮你啦！

你好，我们家来了只做客的小海豚呀！听优优说你迷路了？你之前是怎么和父母联系的呢？

我们回来了！很抱歉，我们都没有看见小海豚说的金色贝壳和珊瑚群……

我们都是通过声波确定彼此的位置，但是现在我离家太远了，爸爸妈妈接受不到我的声波，都怪我乱跑。

我有办法了！我们试试信号放大器！半导体信号放大器可以将微弱的信号放大！通过它释放声波，一定可以让你爸爸妈妈听见！

我听到爸爸妈妈在呼唤我了！爸爸妈妈我在这里！

谢谢你们帮我找到回家的路！

小海豚记得下次不要乱跑啦！

我离不开量子的帮忙

半导体量子芯片是中科院量子信息实验室研究的重点项目。

原子

**国家重点研发计划项目
半导体量子芯片**

2018年2月，郭光灿院士团队创新性地制备了半导体六量子点芯片，实现了量子计算机的跨越式升级。

郭光灿院士

同学们，我们学校一年一度的运动会即将开始啦！这次比赛要求全员参加，所以建议大家选择自己合适的项目哦。

集成线路学校
第32届运动会

我去绝缘体组！

陶瓷

那我和金依然去参加导体组的团体比赛。

金　银

老师，我今年还是去绝缘体组比赛吧，争取再拿一个冠军！

玻璃

20

玻璃作为绝缘体，不会导电。

硅作为半导体，有着导电的能力。

哎，去年和导体组比赛是最后一名，可是绝缘体小组也不适合我，这次运动会又要垫底吗？

或许，你可以试试在量子赛道，和他们一起参加团体比赛呢？

欸！是原子老师呀！

老师……我和量子们合作真的可以发挥实力吗？

当然了。你作为半导体应该选择适合自己的赛道，和量子合作，有他们的帮助，你一定可以取得好成绩！

好的老师！我一定会努力的！

量子区

半导体在量子领域可以发挥独特的作用。

博士博士，你看这次实验数据！

使用半导体材料后，电流不再随温度上升而增强，反而有减弱的趋势！这与其他金属导体有明显区别，太独特了！

排好队一个个通过哦。我的温度越高，你们通过得越慢。

啊！好烫！

琉

半导体通电后，温度升高时，电流通过率变小；温度降低时，电流通过率变大。

居然能和电解质发生纠缠，产生电压！哈哈哈，真是了不起的特性呀！

在法国物理学家贝克莱尔的努力下，人类发现了半导体的第二个特质。

某些半导体能让电流单方向通过，我们称为整流效应。这样就能制成无线通信中不可或缺的检波器了！

德国物理学家布劳恩发现了半导体的单向流动性，开启了半导体研究的新征程。

随着人类的科学探索研究，半导体如今的应用场景越来越多。

我被用于光伏电缆中，为太阳能的利用作出重要贡献！

我作为信号放大器，被广泛运用到电视机、收音机等电器中。

能超级精确测量温度的我，可是很受实验室欢迎的哦！

5G 时代，我成为芯片最合适的搭档！

今天，你能在任何地方都发现我的身影。手机、家电、智能机器人、汽车、网络，等等。

目前，我们还有一些科技问题需要解决，但相信在你们人类的努力下，我们半导体的发展会更加美好！

先将电阻器 换为常规金属电阻器。再重新开始实验，同时确保其他条件不变。

好的教授。

常规电阻器大多使用金属导体。

教授，电阻值随温度的升高而持续升高，一切数据处于正常范围内。

果然是电阻器的问题，常规电阻器多用金属导体，而我们之前实验所用的电阻器是硫化银所做的新型电阻器。

所以电压变化的根本原因，竟然是因为半导体材料吗？

硫化银是一种常见的半导体材料。

这需要我们进一步实验证明，如果是真的，这将打开物理学的一扇新的大门！

收到！

去掉其他测试器，将温度设置为变量，对硫化银变压器的电压进行测量。

用半导体所制作的电阻器，电阻值随温度升高而降低，这明显区别于金属导体！

这是人类史上首次发现半导体的特征！

如今，半导体被广泛运用于人类科技与生活。

法拉第教授之所以能取得如此成就，还要追溯到他穷困潦倒的童年。

他出生在英国的一个贫民家庭，童年时期靠卖报纸维持日常生活。

在书报店当学徒的日子，让法拉第接触到了广阔的知识海洋。

法拉第，快来帮忙！

原来是这样啊！

21 岁时法拉第自荐成为当时著名的化学家戴维的助手，从而开启了他伟大的科学生涯。

累积已久的经验与惊人的天赋，让法拉第在电学方面崭露头角，最终成为电磁学之父。

半导体材料是芯片制作不可缺少的部分，在 5G 时代担负重要责任。

你好，我是半导体家族的代表，你可以叫我小半。

法拉第研究硫化银电阻器

贝克莱尔实验电压与光照

布劳恩观察电流方向

电子芯片

光伏电站太阳能板

半导体收音机

20 世纪以来，我们家族的特性被越来越多的人类所发现。到了 5G 时代，人们发现我与芯片有着密不可分的联系。

由我们排列组合形成的集成电路，效率与成本远胜其他材料。

金

银

铜

玻璃

橡胶

由我们构成的集成电路，封装后，就是 5G 时代不可或缺的芯片啦！

不要看我们只有小小的一块，我们的作用可大了！

半导体芯片是开启 5G 时代的敲门砖。

超级计算机要求高质量芯片。

实验室里计算量上千兆的超级计算机，普通金属制成的芯片无法负荷。

只有我们才能接收来自太空的信号。

最常见我的地方是你手中的手机哦。

半导体芯片的发展推动通信进步。

你好呀！我是半导体家族的代表成员，你可以叫我小半哦。

REC

（摄影师）小半，你离镜头太近啦！退后，退后！

跟着小半开启一场知识旅行吧！

硅片

光刻胶

首先给大家介绍一下我们家族的核心材料成员——硅片先生和光刻胶小姐。

芯片

晶体管

你好呀，我是硅片，在半导体家族里它们称我为"材料基石"，几乎所有的半导体元件都需要我的参与。

我是光刻胶，在家族里我的任务是画布，做光最好的朋友。

硅片和光刻胶是半导体最核心的材料。

100,000,000

硅片先生和光刻胶小姐如今都走向国际，全球市场交易金额上亿了！

光刻机是我的代表作，也是我头顶皇冠的来源。它用我做画笔，绘制出芯片的成像。

直拉法

区熔法

我作为半导体行业的基石，助力研发了新的半导体熔炼技术——区熔法，有效提高产品纯度。

芯片制造是半导体的主要发展方向。

在我们家族中，半导体制造是大家最常见的工作场所，其中最出名的是芯片制造端。

和我一起来认识一下芯片家庭吧！首先是连接现实与数字世界的信号链芯片。

接下来是无线通信的基础——射频芯片，它的职责是接收和发送无线电信号。

最后出场的是电能管家——电源能源芯片，负责管理电池与电能电路。

这三种芯片是芯片制造业的三大核心元器件。

在设计领域，最具代表性的是模拟芯片，为人类设计半导体器件提供了画笔。

半导体设计是行业另一条发展跑道。

半导体行业的中下游产业链也充满机会。

我们行业的上游有半导体材料和设备集成，为整个行业发展提供有力支撑。

2015 2016 2017 2018 2019 2020

中游的制造产业，销售额已经连续七年增长，全球市场已经达到近万亿元哦！

下游的应用市场涉及人类生活的方方面面，我们家族的未来发展一定会更加美好！

我的本领强大，帮助机器完成逻辑运算是我的特长。那么我是如何帮助它们完成逻辑运算的呢？

如果只给机器人们安装上电子眼睛、耳朵、鼻子，还有发射信号和接收信号的装置，它们是无法动起来的，这是为什么呢？

小半哥哥，它为什么不自己动起来呢？

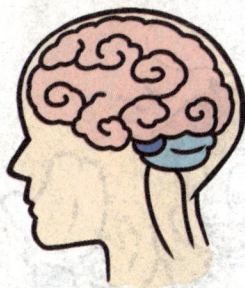

机器人运行需要有一个帮助它们思考运算零件，就像我们的大脑一样。

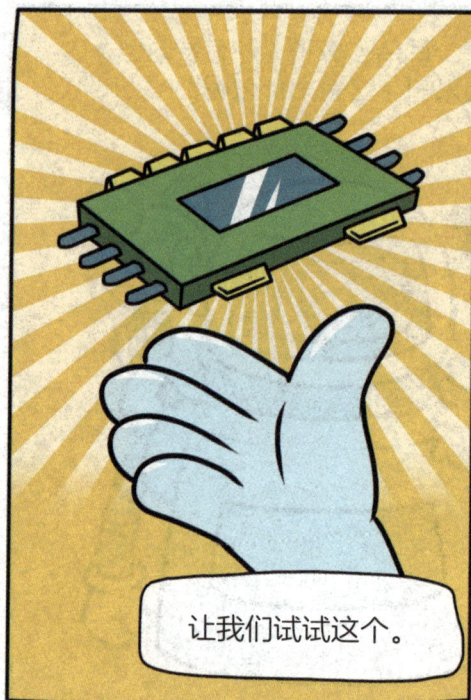

机器人能动起来，是因为有了芯片，让它有了独立思考的能力。当然芯片能运算，也有我的功劳。

110001000010001 10011101110110
101001111101111 10011101110010
101110000000110 11001011000011
101101101010111 10001110110110
110001101100010 10011100011101
100110100001 10001111101101
101001000 11100011

芯片思考时，都是由一串串的0和1组成，我的作用就是让这些一串串的0和1在芯片里自由穿梭。

半导体你真厉害，你只能帮助芯片吗，还能做什么呢？

才不仅仅是这样呢，我们的本领可多了！

在我的带领下，不同的芯片能有不同的功能。

CPU

还有些芯片特别小，只能用显微镜才能看到。可以把它们安装在像发丝一样的微型机器上，组成微机械电子系统。

小半，我的智能项圈还没修好吗？汪！

哎呀呀，这可急不得，项圈里的芯片实在太小啦，心急吃不了热豆腐哦……

改变未来的前沿科技

03机器人

彭麦峰 著　　一本书文化 绘

天津出版传媒集团

天津科学技术出版社

目录

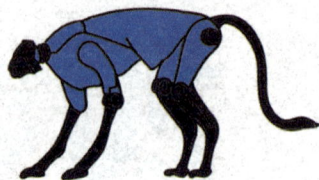

我是人类的好帮手

仿生蝴蝶

机器警犬

仿生乌龟

仿生鲨鱼

仿生机器人是模仿生物的外貌、功能和特点进行工作的机器人，并不局限于人形。

仿生蛇

仿生蟹

我能像蛇一样在水里自在游动，我常帮助人们进行水下环境勘测和一些搜救任务。

坚持住！我来啦！

我掉水里了！

我配备了能识别气味的特殊装置，因此我能"嗅"出超级多的气味。

好臭

爱了

缉毒犬最近感冒了，鼻子不灵了，这可怎么办？

仿生机器人的运用，大大提高了人类的工作效率。

让我来吧，我的嗅觉很灵敏！

阿嚏！

我们仿生机器人大家族，当然也有很多模仿人类的机器人。

马上就来！

我渴了，帮我接杯水吧。

过奖过奖，虽然说谦虚使人进步，但是我承认我的知识量异常惊人，哈哈！

机器人老师不仅学识渊博，而且精力充沛，大大减少了老师的工作量。

老师，您怎么什么都懂啊？

机器人医生对医学知识了如指掌，不仅能对患者的病情做出准确的诊断，而且还不用休息，大大提高了看病的效率。

您哪里不舒服？

哪哪都不舒服。

仿生机器人还能代替人类做一些危险的工作，为人类解决更多的问题。

我是怎样接收和处理信息的

勇敢的机器消防员，是怎样接收到需要"灭火"的信号的呢？

火势太大了，队员们进不去！

看！机器消防员的"耳朵"在闪烁。

机器消防员和人类一样拥有"听觉"。可是他们听到的"声音"是什么样的呢？

你们好，我是声波瘦子一号。

好累呀……你们好，我是声波胖子二号。

机器消防员的耳朵是怎么识别声波瘦子一号和声波胖子二号的呢？

这么快就到我啦，我还没休息好呢。

耳朵深处

瘦子一号，根据体型和运动频率，识别出的信息是：火势太大了。登记完成，输送至大脑。下一位，胖子二号。

3

胖子二号，根据体型和运动频率，识别出的信息是：队员们进不去！登记完成，输送至大脑。

消防机器人的"老板"，原来是他的大脑！

收到！

大老板

根据耳朵传来的信息分析，外面在着火，人类消防员遇到困难，需要帮助。嘴巴信使，你让嘴巴给人类消防员回复："让我们去吧。"

任务紧急，冲啊！

嘴巴方向

嘴巴信使。

大脑方向

不会的，其实这整个过程，机器人消防员不到 1 秒钟就完成了。他们处理信息的速度，和人类基本是一样的。

你说他们这个过程这么复杂，会不会耽误救火呀。

让我们去吧！我们不会被烧伤！

传感器可以感知外部信息，并把有用的信息传递给机器人的"大脑"。常见的传感器有雷达、蓝牙、红外线等。

我看到消火栓了！

大脑接收到信息之后，会进行分析处理，然后向机器人的身体下达指令，最后身体做出反应。

是！

让手去连接消火栓。

这是触觉传感器，它能给机器人的"大脑"传输关于温度的信息。

我感觉到周围的温度越来越低了。

这就是机器人接收和处理信息的过程！

火灭啦！机器消防员，你真勇敢！

大火灭掉后，火灾现场很脏，需要打扫。看，智能打扫机器人来了。

这里怎么这么脏啊！看我把它们统统打扫干净！

嘀！开始工作！哎呀，这么多东西，我该从哪里开始打扫呢？

嘀！发现目标，定位识别！

视觉传感器

发现一个物体。大小：和成年人手掌差不多。颜色：黑色。细节：表面有裂缝，有黑色颗粒。

信息登记完成，请老板查阅。

大脑

分析完毕，这是一片烧焦的木头。身体信使，让身体把这块木头打扫干净。

大脑老板

收到

身体信使

机器人看到东西和听到东西时，处理过程很相似。都是由接收器接收信号，把信号翻译成大脑可以识别的语言，再由大脑给身体发出指令。

嘀！地面越来越干净啦，我劳动，我光荣！

我们已经知道机器人听到声音、看到东西的过程。那他们该怎么样闻到气味呢?

明明都打扫干净了,可是我怎么闻到了奇怪的味道。

让我闭上眼睛,用鼻子闻闻这是什么东西的味道。

智能打扫机器人

嘀!发现气味颗粒。

智能打扫机器人的"鼻子"有一个感应器,我们叫它"鼻子守门员"吧。

这一颗微粒是烤肉的味道,这一颗微粒是食物腐烂的味道,这一颗……

小朋友，你知道机器人不同部位的"感应器"和"信使"都有什么作用吗？还记得谁是"大老板"吗？

机器人的触觉，与其他感觉功能有很大不同，我们一起来探索吧。看，戴着厨师帽的智能厨师出现啦。

让我想想……有了！西红柿鸡蛋盖浇饭！

厨师长，我们回来啦。队长让我来问问你，中午吃什么。

咦，这里怎么还有一颗鸡蛋。让我把它放回鸡蛋盘里。怎么感觉这个鸡蛋哪里怪怪的……

小朋友，现在你知道机器人的触觉，有什么特别之处吗？
机器人手指上的传感器会把记录的信息送去哪里呢？

好了好了，我来做饭，你帮我打扫厨余垃圾吧！咱们要抓紧时间啦！

好嘞！

今天的饭真香！

咱们也去"吃饭"吧。

你这么一说，我也感觉到饿了。

我回来了，好饿啊！

看，三位智能机器人正在"吃饭"。他们需要通过充电桩充电，来补充能源。

那咱们现在去大厅吧，队长说今天要开会，快到时间了。

我的能量又回来啦！

我也"吃饱"啦！

去大厅的路上，他们发现了神奇的蝴蝶和奇怪的蜘蛛。

哇，这只蝴蝶真好看。

啊！有蜘蛛！

走快点吧，要迟到了。

这只蝴蝶的翅膀怎么硬硬的？啊，这是一只仿生机器蝴蝶！

咦，蝴蝶怎么掉下来了？

快来看看，这只蜘蛛一动不动，该不会是一只仿生机器蜘蛛吧！

14

你们好，我们是两只仿生智能生物，和主人走散了。我们的电快用完了，救救我们吧……

我们体内有电池，需要特殊的充电器充电。

咱们的充电桩太大了，没办法给他们充电。

就在这时，机器人专家白爷爷走过来了。他是发明三个智能机器人的科学家。

小蝶，小蜘，你们在这里啊，我找你们好久了！

白爷爷！

小蝶，小蜘？

我过来参加消防大会，希望可以把新的智能技术应用在消防中。谁知进门时走得太着急，不小心把他们搞丢了。

白爷爷，快救救他们吧。

幸亏我出门带了微型移动充电宝,先给小蜘充电吧。

那小蝶怎么办呢?

看!小蝶体内不仅有电池,翅膀里还安装了太阳能充电板。

哇,好神奇啊。

20分钟后。

谢谢三位智能机器人,我们已经能量满满啦!

哎呀,开会要迟到了,快跑啊!

知识卡片

智能机器人可以通过固定的充电桩、移动充电宝、自身的太阳能充电面板等充电。

我运动时是怎么保持平衡的

大家终于赶到了消防大厅，可是还是迟到了。不过队长没注意到迟到的问题，他正在观察另一个神奇的机器人……

白爷爷，你终于回来了。这个猎豹机器人刚才摔倒了，吓了我一跳，可是他居然自己站起来了！

哈哈哈，我老白发明的机器人，站起来不过是小事一桩。

白爷爷，你是怎么设计让这个猎豹机器人能站起来的？

你看这儿。

倾斜电机
髋部电机
定子
转子

注意看这个部分，机器人的后腿上，有一个髋部电机。在髋部电机和身体连接处，有一个倾斜电机，倾斜电机一端通过转子和髋部。

17

仅仅是机器人大腿根部，就有四个像这样组装的倾斜电机。

这样的结构，不仅会使机器人的腿部变宽，在倒下以后，还可以通过变换不同的角度，使机器人自己站起来。

这么复杂的结构，有什么用呢？

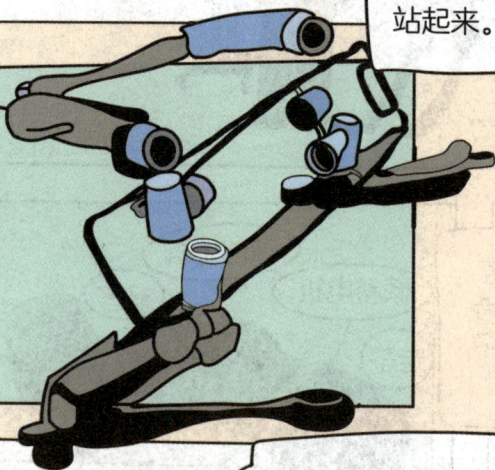

怪不得机器人这么厉害，原来他的身体里面有这么多秘密啊！

我可以不断地深度学习

消防大厅里，大伙一脸崇拜地看着白爷爷。消防队长的心里却有了一个疑问。

我听说有一个叫作阿尔法狗（AiphaGo）机器人，打败了人类围棋选手。

有这么一回事。阿尔法狗是利用"深度学习"的工作原理设计的机器人。

接下来该我落子了，让我想想该怎么走。

让我们回到围棋比赛现场，看看当时发生了什么。

识别棋局信号，传输信号给大脑。

调动数学模型，输入棋盘信号，开始计算，寻找最可能赢的方案。

计算完毕。根据计算，下第一个位置有30%的获胜概率，下第二个位置有60%的获胜概率。手部信使，请传输信号，下第二个位置。

手部信使

收到！

机器人的每一步棋，都计算了获胜的最大概率。最后，阿尔法狗赢得了比赛。

谢谢大家，我的胜利离不开深度学习。

白爷爷，比赛过程我们看到了，但是还是不知道机器人是怎么深度学习的。

别着急，机器人深度学习的秘密，就是他刚才的计算过程。

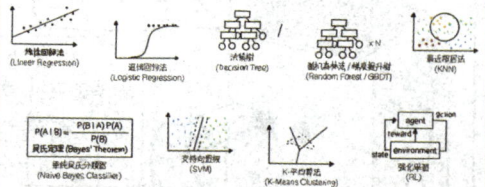

线性回归法
(Linear Regression)

逻辑回归法
(Logistic Regression)

决策树
(Decision Tree)

随机森林法/梯度提升树
(Random Forest / GBDT)

最近邻居法
(KNN)

$P(A|B) = \dfrac{P(B|A)P(A)}{P(B)}$
贝叶斯定理 (Bayes' Theorem)
朴素贝叶斯模型
(Naive Bayes Classifier)

支持向量机
(SVM)

K-平均算法
(K-Means Clustering)

强化学习
(RL)

机器人的大脑里有很多数学模型，接收外部信息以后，机器人会根据收集的信息完善数学模型。最后，当新的事件发生时，机器人会计算出对自己最有利的行为，然后去做。

机器人居然会学习，太神奇啦！但是，人们怎么会想到让机器人学习呢？

第一个提出让机器人学习这个想法的人是图灵先生。他是当之无愧的计算机之父！

知识卡片

艾伦·麦席森·图灵是英国数学家、逻辑学家，被称为计算机科学之父、人工智能之父。图灵提出了一种用于判定机器是否具有智能的试验方法，即图灵测试。此外，图灵提出的著名的图灵机模型，为现代计算机的逻辑工作方式奠定了基础。

开完会，白爷爷带着小蝶和小蜘回智能实验室。在回实验室的路上，他们发现了一条小路。

白爷爷，让我去看看吧！

如果能走这条小路，咱们就能很快回到实验室。但是之前没有走过这条路，不知道会不会有危险。

对啦，差点忘了你可以独立思考。小蝶，那就请你帮我侦察一下这条小路是否安全！

放心吧，白爷爷，我一定会完成任务的。

刚才一路都没有危险，这里是一个兔子洞，安全，这边是大树，安全……

发现异常！这会不会是一个陷阱呢？

22

白爷爷，这里就是……哎呀……

突然刮来一阵风，把落叶吹走了。

小蝶，小心点。哈哈，我知道了，这里就是你说的像是陷阱，其实很安全的地方吧？

嘻嘻，是这里。这阵风来得真及时啊！

太好了，我们马上回家咯！

既然是安全的，我们继续走吧！

知识卡片

　　智能机器人的程序里有很多数学模型，机器人采集外部信息，信息经过数学模型的处理，就可以得到一个综合"思考"的结果。这就是智能机器人独立思考的过程。

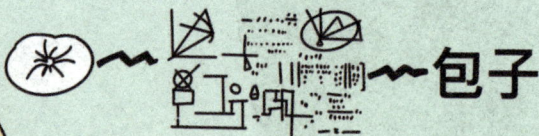

知识卡片

　　数学模型指的是能反映事物变化规律，并预测事物发展趋势的数学语言。通过数学模型，可以解决很多现实问题。

天气很好。小蝶和白爷爷来到郊外散步聊天。

唉，我最近看新闻，发现智能机器人的发展，还有很多现实问题。

白爷爷，您今天怎么一直皱着眉头，不太开心的样子？

你说得很对！

白爷爷，我猜国际上关于机器人的竞争，一定很激烈吧！

尤其是美国、欧盟和日本，他们都陆续制定了机器人的发展规划，想要保持世界领先地位。

27

目前，在一些关键领域，咱们国家的基础技术能力还有所欠缺。

比如仿真分析技术，在生活中应用还是比较少。

我什么时候可以去工作呢？

咱们的工厂自动化程度不高，很多与工艺水平有关的工作，容易受到人员素质和管控能力的制约。

如果可以自动化生产，那设备质量就更有保障了。

我国虽然有很多协会和联盟，但是机器人产业的发展，真正需要的是完整的产业生态链。

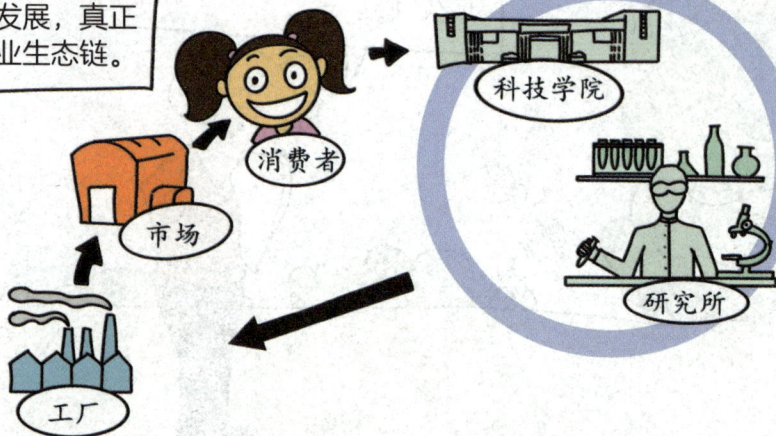

消费者

科技学院

市场

研究所

工厂

咱们国家成熟的机器人制造企业太少，90% 的机器人企业，年产值都在一亿元以下。

可是，我国有一千多家机器人企业啊！

是的，尽管有很多挑战，但我们会积极应对！

智能机器人的发展还在窗口期，咱们国家凭借前沿技术和市场规模的相对优势，会做大做强本土智能机器人产业。

合作愉快。

我们还积极与国外领先企业展开合作，提升国际竞争力。

挑战和机遇是共存的，未来，咱们在智能机器人领域还大有可为。

消费者

科技学院

市场

研究所

工厂

知识卡片

产业生态链：产业生态链是一项系统创新工程，以技术创新为基础，通过探讨各产业之间的链接结构、运行模式、管理控制和制度创新等，开创一种新型的产业系统。

一天，白爷爷收拾好家务，准备下楼扔垃圾，机器狗跟上了他。

哎呀。这堆垃圾太重了。

白爷爷，让我来帮您吧。

对呀，你的背上可以放东西！

哈哈，我力气大着呢。

没问题！

注意，要进电梯啦！

谢谢你，机器狗！

不用客气！白爷爷，咱们去公园散散步吧。

这天，机器狗正趴在地上休息，突然感觉脚下冰冰凉凉，他睁开眼睛，吓了一跳。

啊，有蛇！！救命啊！！

切，胆子真小。

听到声音，白爷爷立马过来了。

哎呀，机器狗你不用害怕。这是仿生蛇，他不仅不会咬你，还有很多用途呢！

蛇蛇，你自己说说你都干过什么"大事"吧。

仿生蛇？他这么小，歪歪扭扭的，能有什么用途呢？

咳咳，听好了啊。

我的眼睛，是一个微型雷达，可以通过激光扫描实景。

我的脑袋，是一个微型电脑，可以构造仿真 3D 模型。

我曾经在地震中救过人。

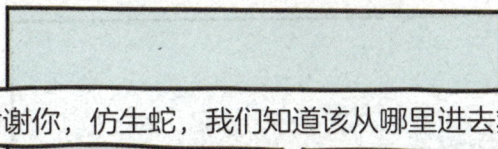

谢谢你，仿生蛇，我们知道该从哪里进去救人了。

多亏了仿生蛇。

谢谢叔叔们把我救出来。

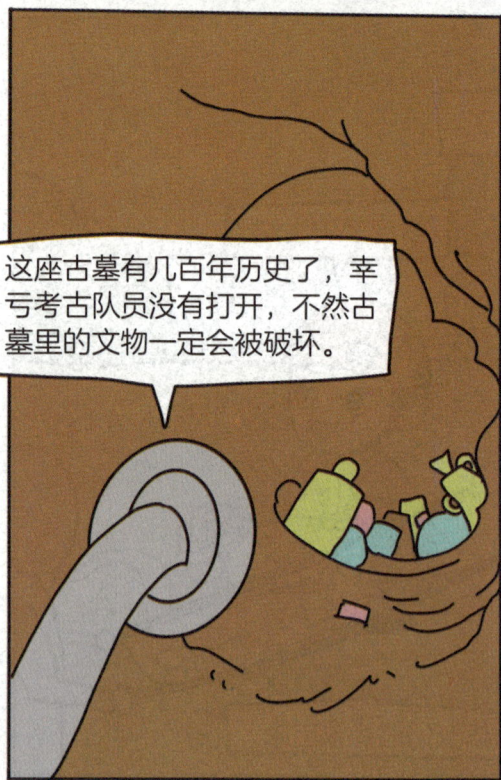

机器狗听着仿生蛇的讲述，对他崇拜极了。

仿生蛇，你好厉害啊！

我的用途还有很多呢。

仿生蛇还可以帮助寻找海底的石油，甚至可以在航天飞行时帮助航天员洗衣服。

哈哈哈哈。

打住，你只要别再害怕我就行了。

哇，蛇蛇，我现在对你的崇拜之情，犹如滔滔江水……

知识卡片

雷达：英文 Radar 的音译，意思为"无线电探测和测距"，即用无线电的方法发现目标，并测定他们的位置。

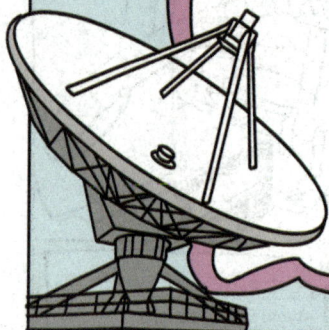

知识卡片

3D 模型：用三维软件建造的立体模型，包括各种建筑、人物、植被、机械等。

阳光灿烂的午后，白爷爷坐在阳台，和机器狗一起晒太阳。

当然可以啦。

白爷爷，我发现生活中处处都有机器人的影子。您可以给我讲讲大家的历史吗？

机器人经历了三个发展阶段。第一阶段的机器人，被称作"遥控操作机器人"。

往上拉中

嘀！

你说得没错！

我猜，这时候的机器人，就像电视机那样需要遥控，对吧？

43

1962年，美国人研究出了第一台工业机器人。

历史上第一个机器人，是什么时候发明的呢？

正相反。机器人的出现，使工厂需要的工人少了，失业率上升。一段时间，机器人的发展受到了限制。

那之后，机器人的发展很快吧？

直到20世纪80年代，人们意识到机器确实能提高生产效率，改善人们的生活，机器人才真正得到了重视。

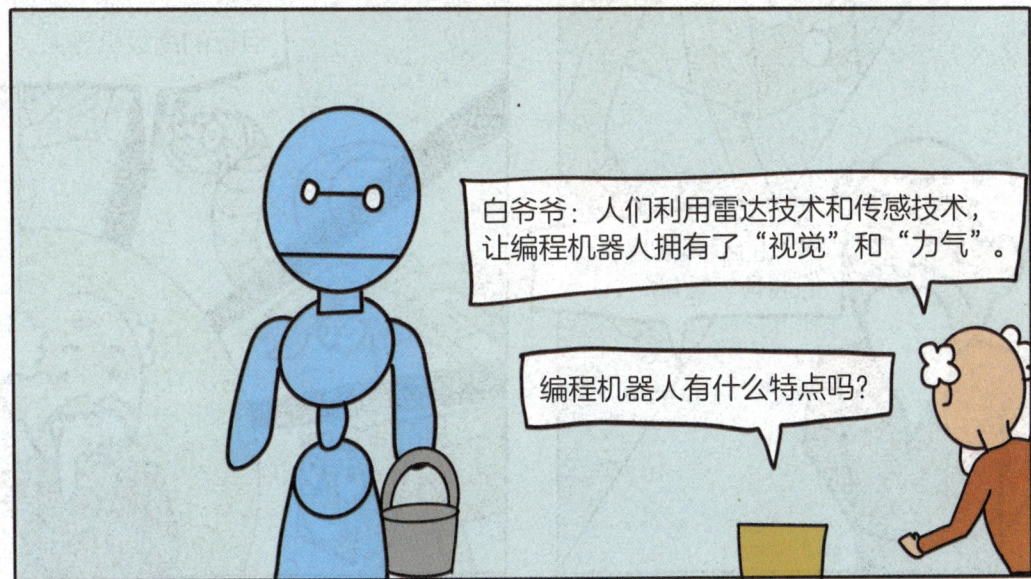

现在，第三代机器人——仿生智能机器人，已经成为主流。

哈哈哈，我就是仿生智能机器人。

没错。不仅仅是你，像小蝶、小蜘、蛇蛇，还有消防队里的机器人，都是仿生智能机器人。

我们和之前的机器人，有什么不同吗？

最大的不同就是，你们拥有"智能"。

你们能模仿人类大脑，进行识别和理解，是能够自主行动、实现目标的高级机器人。

虽然外表和人类一样，但我还是机器啊。

那也不一定。

未来的机器人，一定会更厉害吧？

机器人越来越智能，与人的差别越来越小，引发了一系列社会道德风险。

也有人担心，如果机器人的智能超过人类，那么可能会对人类社会产生威胁。

我永远都不会伤害人类。

机器人的发展，面临的挑战很多。但是只要记住"以人为本"的原则，机器人就能帮助人类生活得更幸福。

改变未来的前沿科技

04 量子

彭麦峰 著　一本书文化 绘

天津出版传媒集团

天津科学技术出版社

目 录

你身边的高科技产品都离不开我

量子的概念从提出到现在，已有一百多年的历史。量子力学的理论带动了人类现代科学技术的蓬勃发展。

你好，我是量子。我可不是实体粒子哦，我只是一种科学概念。我在你的生活中其实很常见。

人们生活中很常见的一些电子产品，需要的很多电子元件，很多是利用量子力学基本原理制造出来的。

全球已步入信息化时代，而量子通信具有效率极高和安全系数极高的特性，是未来通信技术发展的重点。

当前，激光早已被广泛应用于人们的日常生活中。激光就是利用量子力学基本原理发明创造出来的，它大大促进了人类生产力的发展。

量子计算机的发展将会给计算机领域带来一场新的革命。

我的运算时间会大幅度减少，我还有超强的信息处理能力。

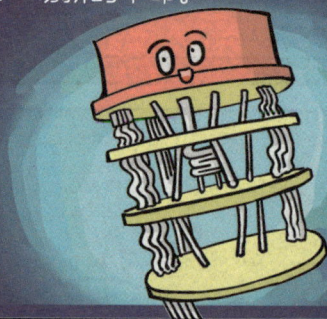

超导是指某些物质在一定温度和磁场条件下电阻降为零，同时表现出完全抗磁性的状态。超导材料是目前材料科学领域的前沿科技产物，被运用到很多的尖端技术中。

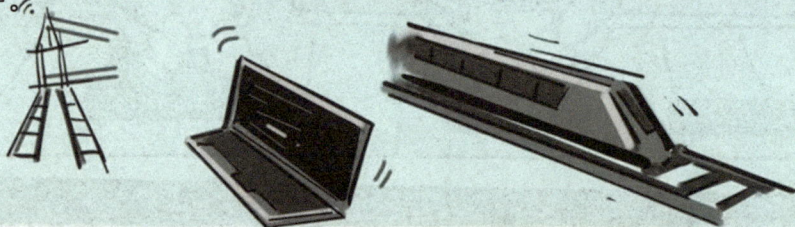

原子钟拥有世界上最准确的时间，它每 300 万年才会走错 1 秒。原子钟就是利用量子力学基本原理发明出来的。

哈哈，我的时间最准确！

粒子和波是我的两位恩师

"光"能用眼睛看到，却不能用手抓到。那么，"光"究竟是什么呢？

大家好，我在17世纪就提出了光像水波一样传播。

我也提出了光的波动理论。

光是由一颗颗像子弹一样的粒子组成的。

胡克

惠更斯

牛顿

粒子是指能够以自由状态存在的最小物质组成部分，粒子组成了宇宙万物。

我们也是粒子家族的。

1897年科学家发现了我，后来科学家又发现了我的兄弟光子、质子、中子，我们被称为"基本粒子四兄弟。"

我们是一家人

把石头丢入水中，就会产生水波向四周散开，这就是波动。

我加热食物可不是用火烤用电烧，我是通过微波穿透食物，让食物的分子快速"摩擦生热"。

热死我了，我快被烤熟了。

量子可不是实际存在的粒子。谁也不能把量子找出来，可量子却又无处不在。粒子就像是量子的老师，教会了量子"本领"，老师跟学生可不完全一样哦。

量子，快回到我们的大家庭中来吧。

虽然我们有点像，但我们不是一家人。

我们家族很庞大，但就是没有"量子"。

我既是粒子，又不是粒子，把我放在"粒子家族"中可就大错特错了。

当天热时，温度像水波一样传递到我们身上，我们才感受到了"热"。所以，波动也是量子运动的形式。

我是液态。

看不见的温度就是以量子态形式存在。

我是气态。

我是固态。

我无影无形，光、温度、思维等都是以量子态的形式存在。

一本书放在那里，它也会向外界发出波长，只不过它的波长小到无法被感知。每个物质都会产生波动。所以，波也是量子的"老师"，教会了量子运动的形式。

我提出了"物质波"的概念。我认为"万物皆有波"，量子也是以波动的形式运动。

德布罗意

人类也有波长，不过波长太小，不足以表现出波的特征。

光的运动既有粒子的"功劳"又有波的"功劳"。

因为光是粒子，所以光照到金属板上才会产生光电效应，太阳能电板就是利用这个原理。

如果光穿过一道缝隙，荧光屏就会出现水波一样的条纹，所以光是波。

怎么我直直的光射出去之后就变成弯曲的了？

这是传说中的量子态。

波粒二象性使我法力无边

牛顿不只发现了万有引力,他的物理研究成就为人类带来了福音。牛顿的确是位"大牛"!

运动的三大定律

$$F_{net} = 0$$
$$F_{合} = ma$$
$$F = -F'$$

苹果为什么会向下落?原来是因为引力的作用。

牛顿

后来,科学家观察微观世界粒子,发现牛顿的"经典物理学"失效了。粒子就像四处乱撞的苍蝇。科学家陷入了沉思。

一个基本粒子的位置和动量不可能被同时精准确定。

?

量子的面纱被逐渐揭开,一个新的世界正缓步打开。

海森堡

普朗克

爱因斯坦

粒子运动的速度和位置具有不确定性,就像一个小朋友随意地在操场奔跑,谁也不知道他下一步会跑到什么位置。

粒子轨迹图

利用"牛顿运动定律",通过"时间-位置"函数,我们能够计算出一颗落地的苹果在什么时间落到什么位置。

目前的科学只能描述粒子运动的概率,这就是波函数。

量子就是物理中的"孙悟空"，千变万化。它本质上是"粒子"，但可以用"波"的形式变成"白骨精"或其他模样。

我可以随时变成很多状态，光子、电子……

把一只猫放在封闭的盒子里，盒子里有放射物镭和一瓶毒药。当镭衰变后会触发机关把药瓶打破，从而毒死猫。假设镭的衰变概率为50%，那么理论上这只猫"既死又活"。

没打开盒子之前，猫既可以是死的也可以是活的。

薛定谔

这就是著名的薛定谔定律。

也就是说量子即是"波"又是"粒"，这个现象的发现，像力学三大定律、电磁学、相对论那样，敲开了物理的新大门。

力学三大定律。

电磁学。

相对论。

量子力学。

牛顿

麦克斯韦

爱因斯坦

海森堡

普朗克

量子的"心灵感应"：当你确定了一个量子的状态后，另一个与它纠缠的量子状态也就确定了。

我发现了量子间可能存在"暗箱操作"式的纠缠关系。

爱因斯坦

我们证实了"量子纠缠"的存在。

阿斯佩　克劳泽　蔡林格

每个量子在未被观察之前都存在着复杂的叠加状态。就像人玩捉迷藏一样，可以藏在任何位置。

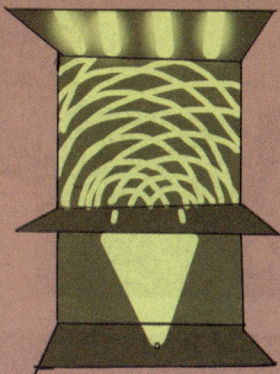

这就是"双缝干涉实验"！

量子的状态是不确定的。

把一双手套放在两个不同的盒子里，打开其中一个，就知道另一个的情况了。"量子纠缠"也是这个道理。

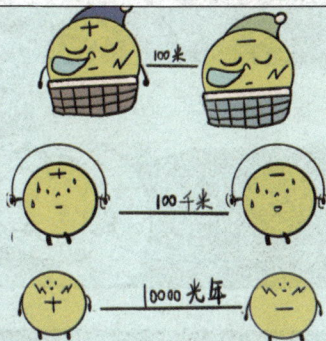

100米

100千米

10000光年

什么叫"量子纠缠"？

两个粒子，不管多远，A带正电，B永远带负电。

如果把现在的通信传播速度比喻成步行速度的话，量子通信速度堪比光速。

量子科技可以让太空通信不那么困难。

以后就可以实现星际通信了。

"量子纠缠"中，改变一个量子的状态，也就能改变另一个量子的状态。这就好比"隔山打牛"的功夫，打在前面的人身上，疼的却是后面的人。

我们是"孪生兄弟"。

哪怕我们相距一亿光年，也能感受到对方。

相信未来科技可以形成量子网络。

量子之间的信息对应就像"心电感应"，不受时间和距离的约束。

我会人人都羡慕的"分身术"

中国古代发明了算盘，计算能力提升了一大截。但算盘的算力也是有限的。

不要小看我，小小珠子能计算出答案。

那你算一下 376 × 46 734 ÷ 2 567 − 89 534 + 90 457……是多少？

哎呀，好难算！

直到人类发明计算机，才能让卫星上天、探测器下海。它们的算力可高了。

我是最早的计算机，身体庞大，算得慢。

后来，体积小了计算也快了。

如今，我们追求更快、更小。

1997 年，超级计算机"深蓝"打败了国际象棋冠军。这成了当时的大新闻。

没想到，居然输给了一台机器。

我可不是普通机器，我有超快超强的处理能力，让我成了"超人"。

卡斯帕罗夫

量子的状态在观测之前是未知的。好比一辆汽车停在没有红绿灯的十字路口，等汽车行驶后才知道它去哪边。

这辆车向左转、向右转，都有可能。

只有我能知道并决定车开向哪边。

电脑的计算能力取决于硅晶体管的数量。单个电脑晶体管已经小到纳米级。

我的体积越来越小，再小都找不到我了。

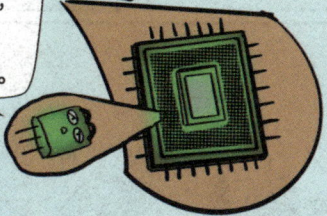

传统电脑的运算原理，以0和1的二进制位为基础，性能有限。量子计算机则以"量子态"为基础。

请说出21的分解质因数。

3和7。

那264845215的分解质因数呢？

我晕了……

芯片摩根定律是我提出的。

芯片摩根定律是一条关于半导体行业发展的规律，它指出每18~24个月，集成电路上可容纳的晶体管数量将会翻倍，而成本却会降低50%左右。这一规律由英特尔创始人戈登·摩尔于1965年提出，至今已经被广泛认可并逐渐成为半导体行业的基准标准。

嘻嘻，我1秒钟就能算出来。

戈登·摩尔

量子的状态在被观测之前是无法确定的，用它作密码是最合适不过的了。

还没有我破解不了的密码！

兄弟们，有人入侵，赶紧变化形态。

这……一辈子也破译不了呀！

量子科技还能被运用到复杂、精密的监测中。

这几天又是雾霾天！

我能监测到大范围的污染物成分及来源，为治理空气污染提供帮助。

量子科技的运用将会刷新人类现有的认知。

量子通信
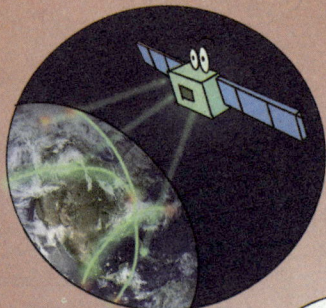

环境污染治理

生物制药
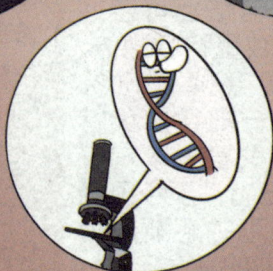

生命不是原子的随意拼凑，它们之间存在量子关系。

别看我只有 70 公斤，但我身体可是由 70 亿亿个原子组成的。

比如，大脑就像是计算机的 CPU，控制着人的整个生命活动。

大脑的功能是量子化的，就像一台量子计算机那样处理信息。

还有，候鸟的迁徙跟量子纠缠也是有关系的，因为量子纠缠决定了候鸟的迁徙特性。

去南方过冬。

妈妈，我们要去哪儿？

我们天生就有这个本领。

你怎么记得这么远的路？

植物也跟量子科技有关系。植物在光合作用的过程中，太阳光的能量会被植物体内的一种粒子吸收，然后，这个在回带着能量同时从很多条路径经过，最后抵达光合作用的反应中心。这就是量子叠加的功劳。

克里夫·巴克斯特

我发现植物也会表达自己的情感。

量子纠缠可以解释这种现象。

量子跟气味也是有关系的。因为量子有量子遂穿的特点，量子的总能量小于势垒的高度时，仍能穿过势垒。

量子没这个烦恼，我们会穿越这座山。

动能小于山坡的势能，我就会翻车。

由于量子遂穿的特性，科学家发现人的嗅觉、味觉跟量子科学也是有关系的。因为每个气味分子都有其特殊的振动频率，而振动为电子的运动提供了能量，导致电子穿过它们本来无法通过的"墙壁"，让人感受到了气味。

coffee

量子隧穿是早期生命有机化合物得以合成的重要机制。在温度极低的外太空，分布着无数的氢元素、氦元素以及大量的甲醛气体。

H

HCHO

CH₂O

He

不仅如此，量子力学还解释了植物的"光合作用"原理。

植物把我送到反应中心进行电荷分离。

不能过去。

反应中心

激子

叶绿体

量子叠加本领，让激子顺利进入反应中心。

比特 binary digit，英文缩写为 bit，意思为信息单元。约翰·惠勒从量子力学的角度认为"宇宙万物来源于信息"。

约翰·惠勒

万物源比

子特

量子无处不在，但怎么发现不了它们呢？

量子，你在哪儿？

通过粒子加速器对撞实验能够观察到基本粒子。

粒子对撞机让人类发现了很多基本粒子。

你们的发现可不能称得上的是"量子"，因为我一被观察就"坍塌"了。

量子可真狡猾，人类最先进的仪器都发现不了。

量子计算机的计算方式就是运用了量子的运行原理。

没有量子技术就不会有我，所以我的存在就是量子的最好证明。

乾始

量子通信将会改变未来。

"量子波"让我与传统通信方式不同。

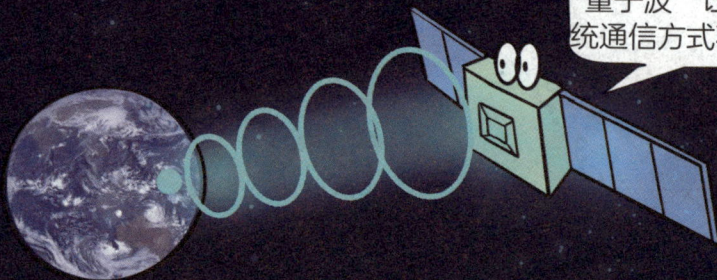

植物的光合作用也有量子的功劳。

量子以最合理的方式在我体内存在，让我不至于散去能量。

"量子纠缠"原理让我准确知道了回家的路。

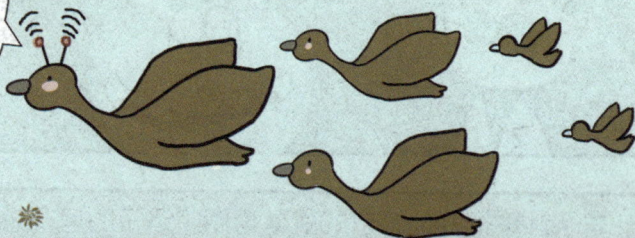

通过仪器观察的粒子是"量子"，但却无法反映量子的波动状态。但我们看到的、听到的、闻到的、想到的……都是量子的作用。量子不能被直接观测，却又无处不在。

量子就在我们生活中，这下我能"看"到它了。

科学不是真理，科学需要在质疑中不断前进。

老师的学识真渊博，老师讲的话永远是对的。

小朋友，你可以相信老师，但不可以迷信老师。做科学更是如此，需要保持批判与怀疑的证伪精神。

科学想要进步，还需要想象力和严谨的实验论证。

月球上好冷清呀，真希望有人来陪我。

嫦娥姐姐，别妄想了。月球这么远，怎么可能会有人来。

我们来了！谁说想象不能变为现实的？只要你敢想，也许有一天就会成真。

量子科技的发展，需要更多的人参与。

量子科技，未来必定深入人类生活的方方面面。

科学没有尽头。

这是科学的尽头了吗？

它将在生物制药领域"大显身手"，攻克许多医学难题。

癌细胞

我要破坏人类的健康。

别得意，利用量子科技就能对付你们。

在新能源汽车领域，量子科技未来能让电池更节能。

哎，我要很长时间才能充满电，还跑不了多少路。

我用很少的时间就能充满电，还跑得远。

小朋友们，开动你们的大脑，量子科技还能用在哪些领域？

20

中国古代的哲学思想，蕴含着"量子"科学的原理。

这就跟常说的"吃亏是福"一样。

老子

祸兮福之所倚，福兮祸之所伏！世间万物都是相生相伴"纠缠"在一起的。

古人的宇宙观也与"量子"不谋而合。

天地未开之前的状态是"太极"，宇宙是由无极到太极，再到万物生。太极就像是最小的"量子"，太极然后有两仪、四象、八卦……

庄子

一尺之锤，日取其半，万世不竭。

西方古代也有人提出了奇怪的"乌龟赛跑悖论"。

《西游记》中的许多经典形象，包含了古人对于"量子科学"的无限想象。

我是千里眼，我能看到一千里以外的苍蝇！

我是顺风耳，一千里外的风吹草动都逃不过我的耳朵！

我是齐天大圣！我一个跟斗就能翻出十万八千里！我还可以七十二变！

21

量子力学

不过，我国量子科学研究起步较晚、基础较薄弱。曾经，很多大学生和科学家还不知道什么是"量子力学"。

郭光灿院士——中国量子信息科学奠基人。

20世纪80年代，郭光灿率先将量子光学理论引入国内，并孜孜不倦开展相关领域的研究。

党的二十大报告中提到的关键核心技术突破，就有"量子信息"的身影。

就像赛跑一样，虽然我们起步晚，但是我们跑得快，在遇到弯道的时候我们一下子就超越了。

当前，中国在量子通信的理论和实践上都处于世界领先地位。这景象，就像古代民间故事里的牛郎与织女牵手场面那样令人激动人心。

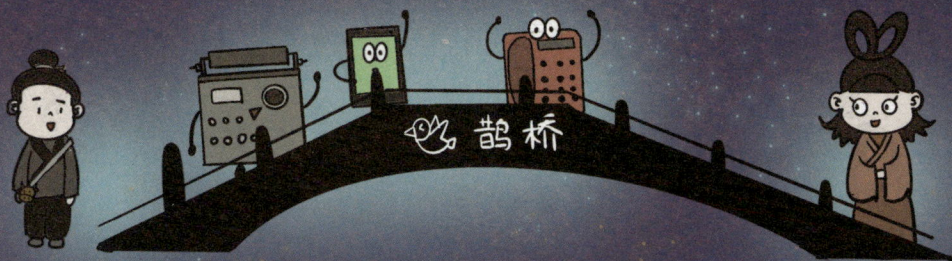

鹊桥

几十年前，我和织女只能通过发电报的方式交流。电报费用可贵了，我每次只能简短地发几个字，根本不能畅叙衷肠。

嘀嘀

牛郎哥哥给我发的电报只有寥寥数语，我都猜不出他的意思，可急死我了！

有了电话和手机之后，我和织女妹妹联系起来就方便多了。但不知道为什么，我总觉得有人在偷听我们的悄悄话。

玉皇大帝

窃听器

电话、手机信号经常受到干扰，再说，打电话又不像见面那样亲切。

有了我以后，你们就再也不用担心打电话被窃听了！

在量子计算领域，中国也挺进了第一方阵。

我是 2019 年发明出来的，有 53 个量子比特，是世界上最大的通用量子计算机。

你说你运算速度最快，那我可就不服了。我可是比世界上最快的电子计算机还快亿倍。

国产量子计算机

"量子叠加"——量子计算机工作的基本原理。

我要么是正面要么是反面。

我只有"开""关"两种状态。

我只有"0"和"1"两种不能同时共存的状态。

n 个量子

2n 个信息

我可以同时是"0"状态和"1"状态，实际上我有无穷个状态。用我来进行计算机运算，当然可以极快的速度处理无穷的信息了。

经典力学、经典电磁场理论和经典统计力学共同构成了经典物理学体系的基础。

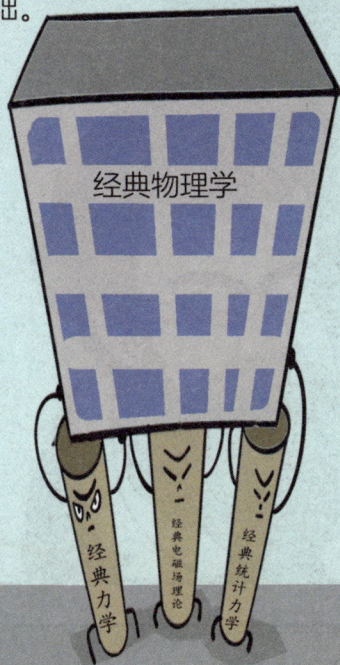

经典物理学

相信大家都知道苹果向下掉是因为万有引力的作用。此外，我的三大运动定律可是研究宏观物体运动不可或缺的准则！

狭义相对论将牛顿经典力学拓展到四维空间。

作用力与反作用力定律

加速度定律

惯性定律

电磁理论的研究和实践，为人类社会带来了光明和更多能源。

法拉第

洛伦茨

麦克斯韦

谈起电磁理论，不得不谈到法拉第、麦克斯韦、洛伦茨等科学家。

电磁能和机械功相互转换，对社会生产力的发展起到重要的推动作用。

当电流通过我的身体时，我的钨丝就会发热发光。

水力、风力或者燃烧产生的能量转化为机械能传给我后，我就能转化出电能了。

我们其实都是运用了电磁转化的原理……

统计力学则深入微观世界，是研究大量粒子集合运动规律的科学。

玻尔兹曼熵

$$S=k\ln\Omega$$

著名的熵公式 $S=k\ln\Omega$ 就是我提出来的，是用来量度一个系统中分子的无序程度。

玻尔兹曼

在空间里，我的运动方向是不一定的。当无数的我组合在一起的时候，科学家也只能统计出一个运动的概率。

正当 19 世纪的科学家们认为经典物理学已经能够完美解释宇宙的一切运动规律时，"两朵乌云"飘过来了。

谁能想到这"两朵乌云"能够颠覆物理学的大厦呢！

经典物理学

声音通过空气传播，那么光通过什么传播？

空间中有"以太"。

"以太"根本不存在。

迈克尔逊－莫雷实验

相对论就是在这样的背景下诞生的。

迈克尔逊

能量辐射是不能连续的。

是的。

"黑体辐射实验"揭示了能量根本不连续。

黑体辐射实验

量子论

经典物理学的两朵乌云揭开了一个神秘而奇妙的世界：量子力学诞生于"光是波还是粒子"的伟大争论。

光是微粒组成的。

光是粒子。

光像波浪一样向前运动。

光是波。

普朗克提出了光子的量子化，被誉为"量子力学之父"。

$$E = h\nu$$

爱因斯坦、薛定谔、吴健雄、奥本海默等科学家都为量子力学的发展作出了巨大贡献。

人物简介：
吴健雄，美籍华裔物理学家，被誉为"东方的居里夫人"，用实验证实了"宇称不守恒定律"。

1912—1997

量子科技的发展历史中，科学家之间也发生了很多有趣的争论。

量子的运动能被准确预测吗？

很遗憾，我们只能大概率地预测量子的运动。

波尔

在 20 世纪，有科学家认为量子的运动只能用"概率"来统计。

就像踢足球一样，你大概知道它会踢向哪个方向，却不能完全预知落点。

球会落在哪里呀？

要是能完全预测，我就要下岗了

当时爱因斯坦反对量子"概率论"。

光是粒子。

微观世界的粒子运动只能靠"概率"。

光是波。

但上帝是从来不会掷骰子的。

很多影视作品也有关于量子科技方面的内容。

我可以超光速飞行，甚至穿越"虫洞"、时空。

这不就是量子科技的"量子纠缠"吗？

量子纠缠让超人随时都能来拯救地球。

各种武器也充满了"量子感"！

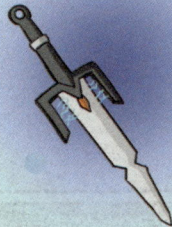

外星人本身也可能是量子科技产物。

我们是光之巨人！只要能量不灭，我们就不会消失。

量子构成了我的身体，我们是光之巨人！

欧美科幻影视作品中，量子科技的身影随处可见。

穿越空间的传送能力是我的"必杀技"！

"至高智慧"计算机就是量子计算机。

科幻片中的超时空通信器就是妥妥的"量子通信"。

我正在斯库鲁人星球，坐标已经发送给你。

我马上穿越过去支援你。

小心那些"伪量子科技"

一些心术不正的人利用大众对量子科学的不了解，行招摇撞骗之事。

量子科技这么"高大上"，用"量子科技"把我们的产品包装下就可以蒙骗很多人了。

不是有那句话吗，"遇事不决、量子科学"！

运动鞋小作坊

这可是量子高科技运动鞋，穿上它能跑过世界冠军。

一些骗子把产品"改头换面"，转眼间就变成"量子产品"。

普通运动鞋

普通运动鞋

骗子们利用人们的爱美之心，以"量子科技"为噱头，推销一些假冒伪劣产品。

量子科技能让营养渗入人的皮肤里，实现永葆青春的效果。

我买

我买

量子护肤

用我们的量子熏蒸仪，可以实现脱发再生。

量子生发

这些"量子护肤""量子美容"都是假的！

骗子！

"伪量子产品"在保健领域也招摇撞骗。

好不容易被放出来了，下一步到哪里去骗钱。

现在人们都重视健康，我们再"开发"一些量子保健产品，准能挣到钱。

量子是世纪伟大发现，量子产品能够包治百病！

包治百病

我这款是量子治疗仪，能发射量子波，摧毁癌细胞！

这东西怎么不灵呀！

"伪量子产品"严重影响我们的日常生活。

我这是量子鞋垫，底下安装了6个量子芯片……

量子手环能够平衡磁场，治疗慢性病。

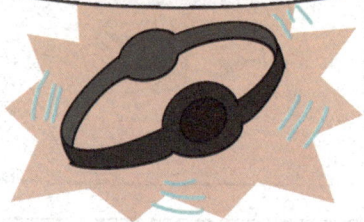

量子手环买一赠一量子贴片

￥399　　　1000+ 人付款

"超人量子手环专卖店"

立即购买　　加入购物车

还有很多产品根本跟"量子科技"搭不上关系。

量子富氧水杯

量子减肥束腰带

量子芯片

其实，量子科技目前主要在通信、精密测量和超级计算机等方面进行运用。

目前还没有大规模商用民用，一切以"量子科技"为噱头的日用产品都是收"智商税"。

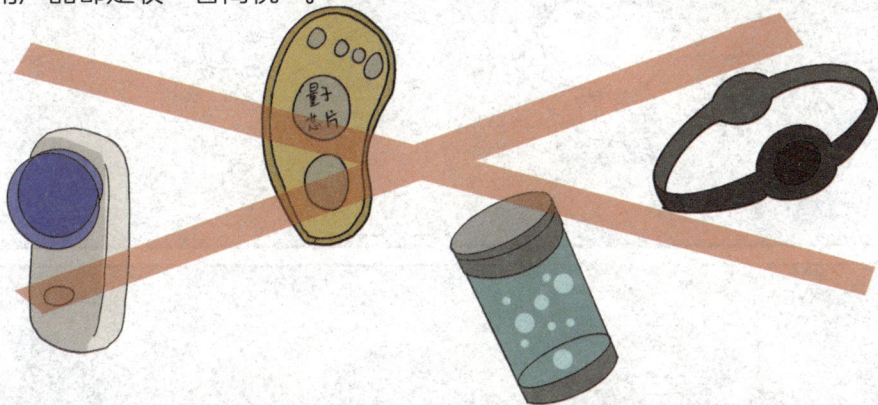

莫行骗，行骗必被抓！

擦亮眼睛，小心"量子骗局"。

人类自古就不断对世界进行探索，未来探索世界和宇宙也将和量子科技有关。

大地就像个棋盘，天空就像一口锅倒扣着。每个人都生活在棋盘上。

亚里士多德

在世界上任何一点观察月食，都会发现地球的影子是圆形的，所以地球是圆的。

了解完地球之后，人们把眼光投向浩瀚的宇宙。

地球位于宇宙的中心，其他星球都围绕着地球转。

托勒密

直到麦哲伦的船队完成环球航行，人们才接受了地球是圆的这个观点。

一直向西航行，最后就能回到原点。

哥白尼

太阳才是宇宙中心，其他行星都围着太阳自转和共转。

像太阳一样的恒星，宇宙中还有许多。"日心说"也站不住脚。

太阳

地球

很多科学家相信宇宙源于一次"大爆炸"。

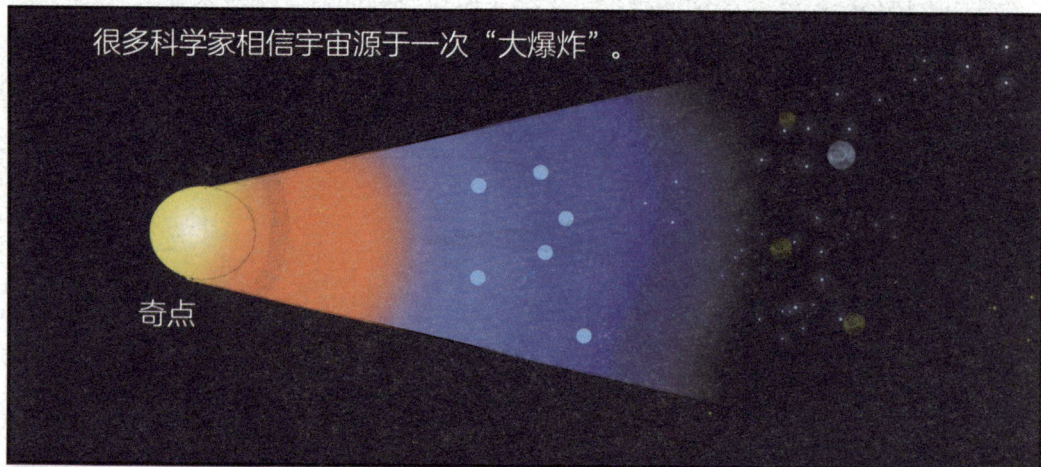

奇点

也有科学家认为宇宙源于"虫洞喷发"。

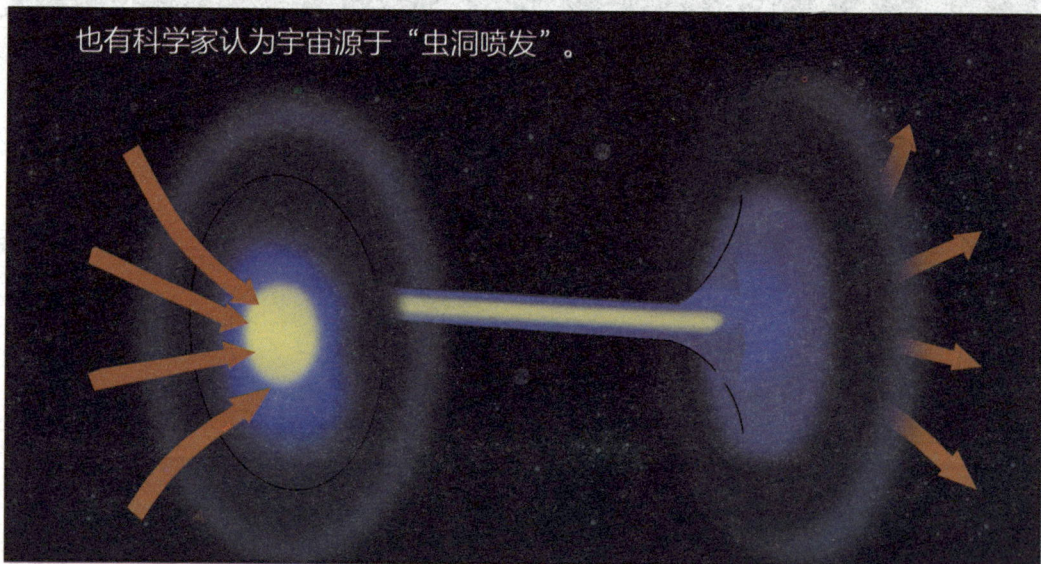

不管哪种宇宙起源理论，都有着很多无法解释的"缺陷"。

大爆炸的
"奇点"来
自哪里？

唯物论和唯心论，是哲学中针锋相对的"两大阵营"。

物质决定意识。

VS

我思故我在！
时间是意识。

马克思

笛卡尔

人的思维是意识还是物质呢？

物质？意识？

量子力学的出现则模糊了"物质""意识"的界限。

人脑就是一个超级量子计算机，思维是超量子操作系统。

时间是什么？

时间从哪里开始？到哪里结束？

量子的状态取决于观察者意志，那么时间也可能是"虚无"的。

时间与空间究竟是什么？

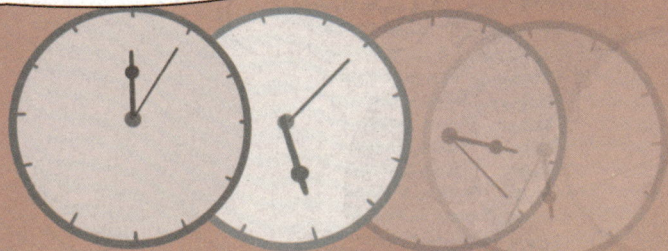

平行世界是否存在？

我们会不会是早就设定好的"程序"？

量子科学让人们以全新的视角认识世界。量子纠缠的特性，注定了量子包含着更大的信息。或许，"信息"才是宇宙的本来。

时间可能被"量子化"。例如有趣的"祖父母悖论"：如果一个人穿越时间回到从前，在他父亲出生前就劝说他的祖父母不要生下他的父亲。没有父亲自然也就没有这个人，那么穿越过去的这个人是谁呢？

我穿越过来改变了历史进程，那么未来的我还能存在吗？未来没有我，我又怎么穿越呢？

如果时间是量子的话，"祖父母悖论"就迎刃而解了。

时间

时间由一个个细微的量子组成，所谓的穿越可以看作是一个量子进入另一个量子。

量子通信比起传统的通信，更加安全；速度也将比传统通信要快；抗干扰能力强。到时候我们再也不用担心没信号的问题了。

Hi

Hi

你好

小朋友学习起来更轻松。

我的大脑就是量子电脑。

地球的环境更美好。

宇宙中，到处都是我们的家，在遥远的未来，说不定外星人也能成为我们的朋友。

量子世界，正等待着我们来创造。

量子不是万能的，但又可以"天马行空"，对于未来的量子世界，小朋友们还能想到哪些？

量子 治污　量子 治污　量子 治污　量子 治污

?

改变未来的前沿科技

05人工智能

彭麦峰 著　一本书文化 绘

天津出版传媒集团

天津科学技术出版社

目 录

随着科技的高速发展，人工智能产品的种类越来越丰富，它们在我们的生活中也越来越普遍。

超市

智能家电

嗨，大家好！我是人工智能，你们认识我吗？我天天都会陪在你们身边哟。

该起床啦，再不起来，上学就要迟到了！

哎，再也不用担心迟到了，也再不能赖床了！

人工智能让人们的生活变得更加方便、有效率。

人工智能使人们摆脱了大量的家务劳动，人们可以在家里拥有更多的自由。

自从有了这些智能机器，我太省心了！终于可以安心减肥啦！

人工智能还可以使人们摆脱枯燥的重复性劳动以及繁重的体力劳动。

好什么，我们马上就要失业了！

太好了，我们不用干这么累的活了。

智能机器干活又快又好。

人工智能甚至还能分担一部分人类的脑力劳动。

我要投诉，拍下的货物几天了都还没发货！

您先息怒，耽误了您宝贵的时间，我们感到很抱歉。由于我们的工作失误导致发货迟缓，还望您能谅解，鉴于您遭受的损失，我们会给予您一定的补偿……

有个黑衣人形迹可疑，已报警。

他的身高、样貌、体态、走路特征等，正与某在逃犯匹配中……

在安防方面，人工智能也能大显身手。

挑战失败

妈妈，为什么我和电脑下围棋，每次都输呢？

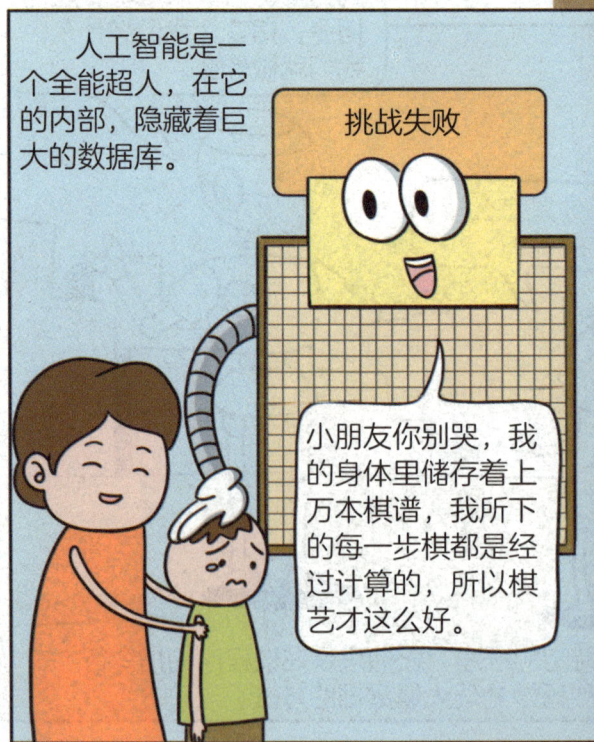

人工智能是一个全能超人，在它的内部，隐藏着巨大的数据库。

挑战失败

小朋友你别哭，我的身体里储存着上万本棋谱，我所下的每一步棋都是经过计算的，所以棋艺才这么好。

数据

数据

数据

数据就像果园里的果子，我负责把它们采摘下来，放到人工智能的数据库里，当我们需要的时候，就可以随时随地调出来使用。

数据库

数据科学家对目标对象进行数据采集，将其中的关键数据输入人工智能的数据系统后，人工智能就可以对收集到的数据进行分析了。

数据在被正式投入使用之前，需要进行数据清理，将那些无效的数据过滤掉，将有用的数据保留下来。

敲黑板啦！同学们，注意力要集中。

我们十分热爱学习，数据转换是我们的必修课。

数据科学家将有效数据保留下来，并进一步进行转换，让数据更适用于人们的日常生活。

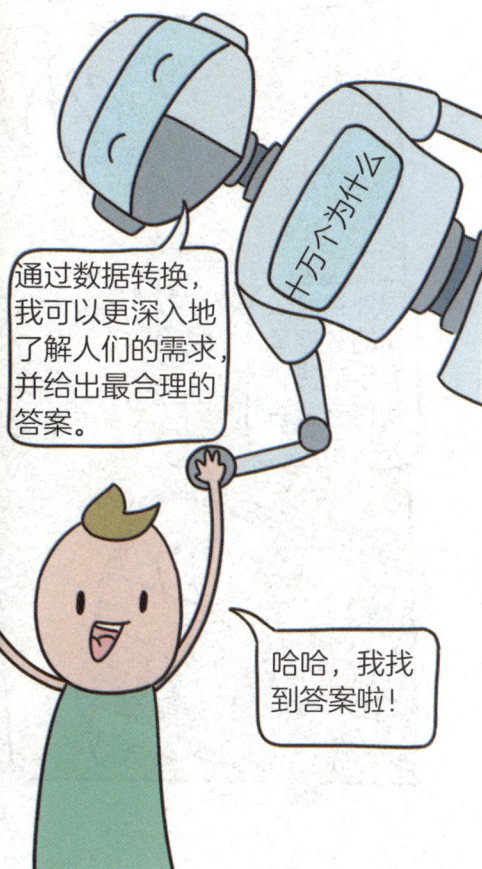

十万个为什么

通过数据转换，我可以更深入地了解人们的需求，并给出最合理的答案。

哈哈，我找到答案啦！

人工智能通过数据计算与分析得出事物的运行规律，并会在此基础上不断总结经验。

只要将基础数据输入我的智能数据库里，我就相当于拥有了扫地说明书，可以自动辨别出家里的各个方位，快速找到垃圾。

扫地说明书

预先设定好标准数据，人工智能就可以帮助我们快速了解病人身体的各项指标。

国外物流公司的数据库显示缺货，我得赶紧去补货了。

数据让我们了解到事物运转的基本规律。不久的将来，人类还会在数据的指引下探索出更多未知的世界。

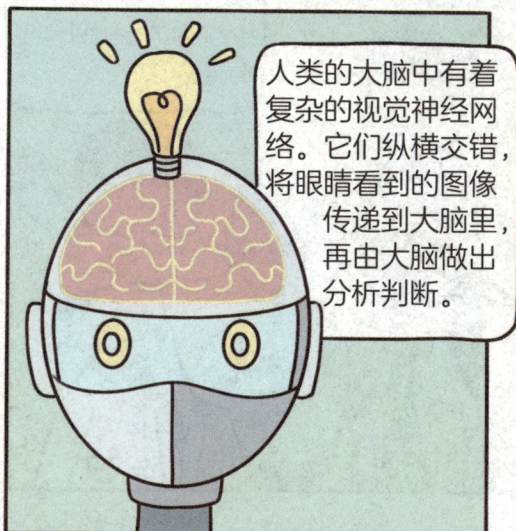

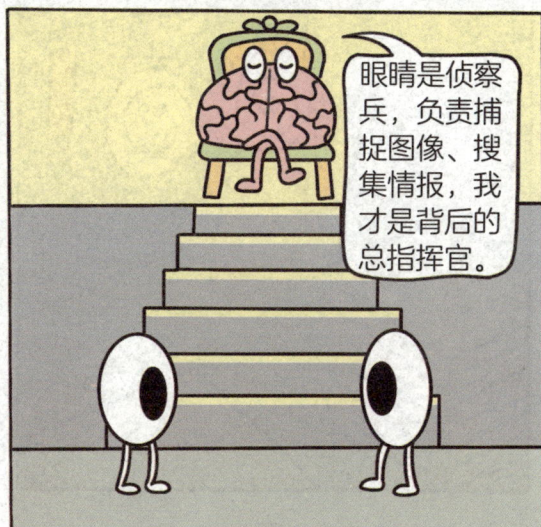

现在许多人都将手机的支付方式设置为人脸识别支付，这样既方便，又可以防止密码泄露，真是一举两得！

科学家受到人脑视神经的启发，将这个原理应用到人工智能领域。后来，就诞生了人们熟知的人脸识别技术。

人工智能比人脑的反应更快！因为它的数据库里早已"埋藏"了巨大的信息资源。

我拥有过目不忘的本领，只要是我见过的，都会被我记住。

我就是人工智能的"眼睛"，我负责通过声音或者光的作用搜集信息，并将它们传递给处理器。

我扮演着大脑的角色，负责处理传感器传递过来的信息。

在传感器与处理器的共同作用下，人工智能拥有了比人脑反应还要迅速的视觉成像系统。

如今，我的视觉成像系统已经被广泛应用于交通、农业、医疗以及刑侦等多个领域，未来我会继续努力，更好地造福人类。

除了拥有超强的数据分析能力外，人工智能对于声音的反应也十分敏感。
这首歌听着好熟悉，但就是想不起来叫什么名字。
这个不难，语音识别也是我的必修课。
人工智能还擅长多门外语，是个“国际通”。
中文简体
意大利语
中文繁體
德语
英语
韩语
法语
俄语
我有丰富的外语储备，可以翻译多种国家的语言。
好想感受一下中国的风土人情，只可惜我不会汉语。
图像就是人工智能的备忘录，里面记录着五花八门的信息。
年纪大了，总是忘记带钥匙。
老奶奶，只要把指纹存进我的信息库里，以后就可以通过指纹解锁，再也不用担心忘记带钥匙了。
学习和模仿让我具备了举一反三的能力，未来我会加倍努力，争取解锁更多的技能。

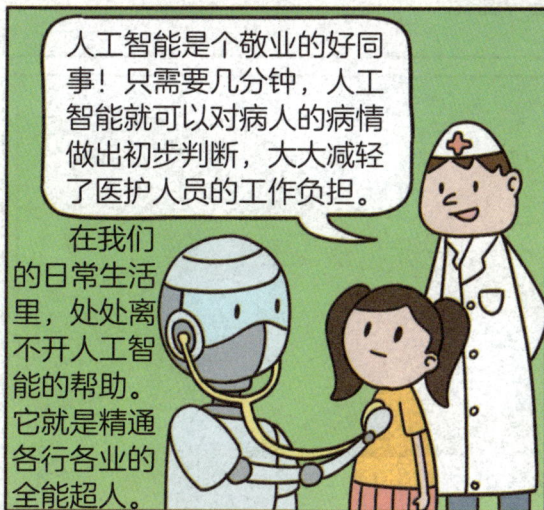

我们除了利用人工智能为生活创造便利，也可以借助人工智能，实现一些天马行空的新奇创意，带来有趣的体验。

我可不是普通的小马甲，我的内部隐藏着智能感应系统，可以通过感应人体的体征来自动调节温度。

我可以根据实际场景提取出最贴近自然的颜色。有了我，再也不需要辛苦地调色啦！

多美的风景啊！好想用画笔记录下眼前的这一幕。

研发室

无论是现实生活还是理想世界，人工智能的创意总是新奇又多变。随着科学技术的发展，人工智能将在更多的领域得到应用。

既要务实，也要勇于创新。我一定会继续努力，争取为大家带来更多的惊喜。

科学家不断修正人工智能的内部程序，再加上扩大数据系统，人工智能才拥有了像人类一样的思考能力。

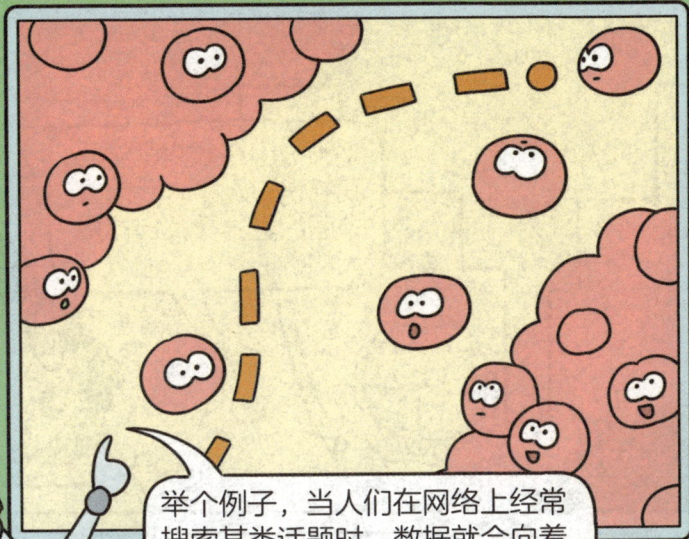

我发现了一个秘密，那就是数据的变化都是有迹可循的。

举个例子，当人们在网络上经常搜索某类话题时，数据就会向着同一个方向涌去，我自然就能了解每个人的偏好，下一次就会推荐更多同类的话题。

有了科学家和数据的帮助，我一定还会学习到更多的知识，发现更大的秘密！

人工智能在科学家的指引下进步飞快。但是，最近一段时间它却总是闷闷不乐。

整天被困在教室里学习，我都快郁闷了，我想去外面的世界寻找自己更大的价值。

小智，你怎么啦？为什么看上去有些不高兴？

病人的病情太复杂了，怎样才能快速找到最适合病人的特效药呢？

人工智能告别了科学家后，来到一家医院。

我们已经尝试过很多种药物，但是疗效都不太理想。

这种病症我了解过，通过对上万个病例的分析，有一种特效药是最适合病人的。

没想到人工智能还可以用来治疗疑难杂症。

按照人工智能给出的数据，病人还是有希望被治愈的，我们马上调整治疗方案。

这下我理解科学家为什么总是逼着我学习那么多的医疗知识了，原来，我也能在关键时刻挽救一个人的生命啊！

人工智能总结对某类疾病的研究数据，发现对人体最有效的药物，给出最适合的治疗方案。

在人工智能的指引下，病人转危为安。人工智能高兴地离开了医院，寻找着新任务。

马路上好多车啊，我也好想试试驾驶汽车是什么感觉。

就在人工智能望着马路出神的时候，只听"砰"的一声巨响，一辆小汽车撞到了路旁的电线杆上！

糟糕！昨晚没睡好，这下可闯祸了。

这里发生了交通事故，得抓紧处理。

疲劳驾驶是很危险的，一不小心就会酿成大错。

我不该不顾及身体的疲劳，冒着危及自己和他人生命的风险驾驶汽车。

全世界平均每年都会有超过一百万人在车祸中失去生命。

根据数据统计，在交通事故的原因中，不规范驾驶占了很大一部分比例。

不规范驾驶

人工智能说得没错，不规范驾驶的确是很多车祸的导火索。

真的吗？这可太好了！

通过与定位系统的配合，我可以弥补人们驾驶技术不熟练，解决疲劳驾驶的问题。

我们是自动驾驶的好搭档，可以大幅度降低交通事故发生的概率。

我也有出错的时候

人工智能的成长阶段，从来都不缺鲜花与掌声。
小智真是个天才，好像什么事都难不倒它。
什么时候我的孩子也能像小智这样聪明就好了。
人工智能真的有那么完美吗？它从来都没出过错吗？
虽然大家平时总是夸奖我，但其实我并没有那么完美，我也有迷糊、出错的时候。
爸爸妈妈你们快看，人工智能怎么啦？

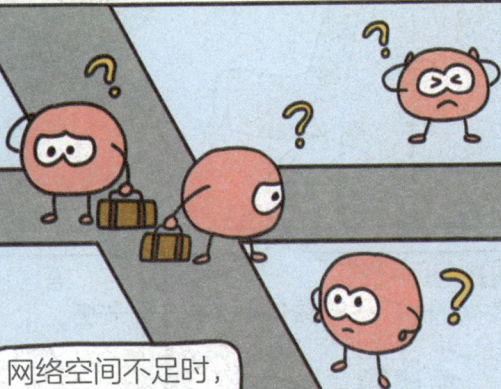

这些都是我曾犯下的错误，有些甚至会危害人们的安全。

小智，不要难过了。每项新技术的突破都会伴随着无数次的失败。

是啊！不断纠正错误，总结经验，才会取得进步啊！

我还有很多不足

学术会议上，顶尖科学家聚集讨论着人工智能的未来发展方向。

人工智能经过这些年的发展，取得了不小的成就。

是啊，如今，很多领域都能看到人工智能的身影，它真是我们科学界的骄傲。

小智，大家都这么喜欢你，你有什么想说的吗？

谢谢大家的夸奖，我其实还有许多的不足。

面对科学家们的夸奖，人工智能没有感到骄傲，而是反思自己的不足。

你觉得自己还有哪些不足？

我最大的不足，是还不够聪明，无法更好地满足大家的需求。

人工智能减轻了人们的负担，但在某些方面还需要继续提升。
哈哈，趁着人工智能打瞌睡，赶紧把这些数据偷走。
这可是我辛辛苦苦工作了好几个月的成果啊！
怎么回事，数据怎么全都不见了？

数据泄露除了会加重人们的工作负担，严重时还会损害公共安全。
报告长官，发现国外黑客正在试图窃取我国情报。
开启安全防护模式，保护好人工智能和数据。

哎哟！又摔倒了，每次取外卖的时候都会被同一个台阶绊倒。

最近时常会看到人工智能来替主人取外卖。

看来距离人工智能取代我送外卖还有很长一段时间。

领奖台

人工智能的内部系统与外部硬件的配合还不够协调。

我的四肢很僵硬，各个关节都是用螺丝固定的，不像人类那样灵活。

唉！腿短是硬伤。

人工智能对声音的识别并不是很灵敏。

声音的大小、吐字是否清晰、发音是否标准，这些都影响识别结果。

科学家们听人工智能诉说完自己的不足后，决心帮助人工智能取得突破。

上面的几个案例说明了我确实还存在许多不足。

没关系小智，你能发现自己的不足，本身就已经很棒了。

我们会跟你一起努力，将上面的不足之处转化为前进的动力。

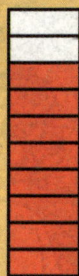

刚刚接到群众报案，一名歹徒入室抢劫了独居的老奶奶。

老人家，请您描述一下歹徒的外貌特征。

我只记得那个人很高，穿着一件黑色的大衣，戴着口罩，眼睛上有一道疤。

线索太少了，根据这些信息很难锁定嫌疑人。

我可以利用生物识别技术快速搜查出相关的可疑人员。

同学们，今天的课后作业已经布置下去了，记得认真完成哦！
作业：
1. 语文
2. 数学
3. 英语
老师，我们的作业都完成了，请查收。
这么多作业，这得什么时候才能批改完啊？
将题目和标准答案输入我的系统，这样就可以轻松地实现作业的批改啦！

人工智能完成探索后，又回到了科学家的身边。

小智，这次回来我发现你好像又增加了不少新技能。

实践出真知，通过深入挖掘人们的需求，我的知识库也在不断扩充。未来，我一定会更加强大！

人工智能的成功不是一朝一夕取得的。回顾过往，人工智能在发展历程中，也曾走过许多的"弯路"。

这次考试又做错好多题目，要是我也能像小智那样聪明就好了。

我也是从错误中不断总结经验才取得了现在的成绩。

确实，弯路也是成长的必经之路。

人们都怕走弯路，但是实际上，弯路是最考验技能与速度的。

在不同的时期，人工智能的发展都会出现一些绕不开的阻碍。

人工智能的概念最早被提出是在 20 世纪 50 年代。不过，那个时候技术还不成熟，导致人工智能闹出过不少笑话。

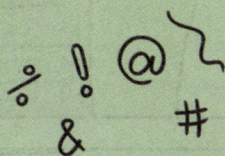

20 世纪 50 年代，我的语言功能还处于开发的初级阶段，只能翻译一些简单的对话，经常答非所问。

到了 20 世纪 90 年代，人工智能的发展再次走进死胡同。

那个时期我的神经网络功能还不健全，很多时候无法做出正确的判断。

人工智能走过的弯路里，遍布着许多个行业的足迹。

这些肿瘤的分布完全没有规律。

为了让人工智能学会辨别肿瘤，我需要标记成千上万张的 X 线片。

人工智能可以通过人脸识别提升案件侦查率。

我们应当在生活中普及人脸识别技术。

不行！人脸识别技术目前还不够完善，容易被不法分子钻漏洞，造成经济财产损失。

回顾人工智能走过的弯路，也是见证科学进步的过程。

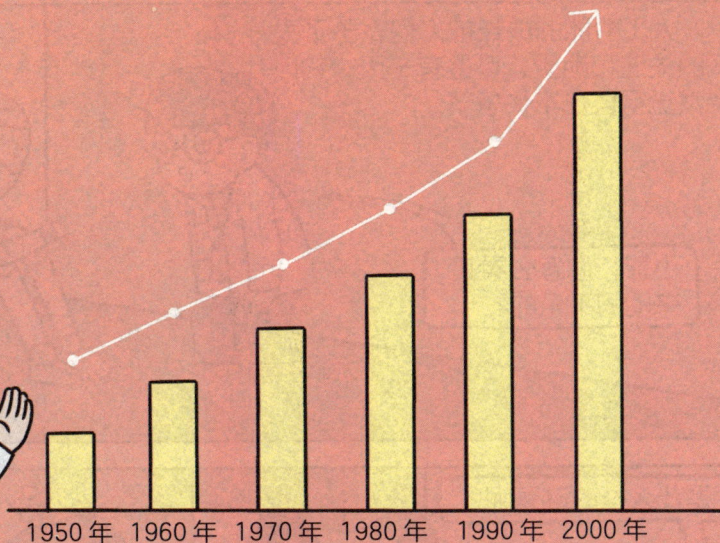

1950 年　1960 年　1970 年　1980 年　1990 年　2000 年

弯道超车更能彰显实力。

未来，我或许还会走上一些新的弯路，但我知道，这些弯路终有一天会成为我进步的阶梯。

人工智能的成长被人们寄予了太多的关注和期望，可是有一天，它突然觉得自己不快乐了。

我有一个谜题始终解不开，所以很苦恼。

小智，你怎么看起来闷闷不乐的？

是什么样的谜题呢？

人们常常提到梦想，好像每个人都有一个梦想要去实现，可是我却不知道自己的梦想是什么。

原来是这样。我有一个好主意，你可以先了解一下其他人的梦想是什么，没准这样很快就可以找到自己的梦想啦！

好的，每发现一个新梦想，我就记录到日记本里。

梦想日记

人工智能完成寻梦之旅后，再次回到科学家的身边。

小智，你找到自己的梦想了吗？

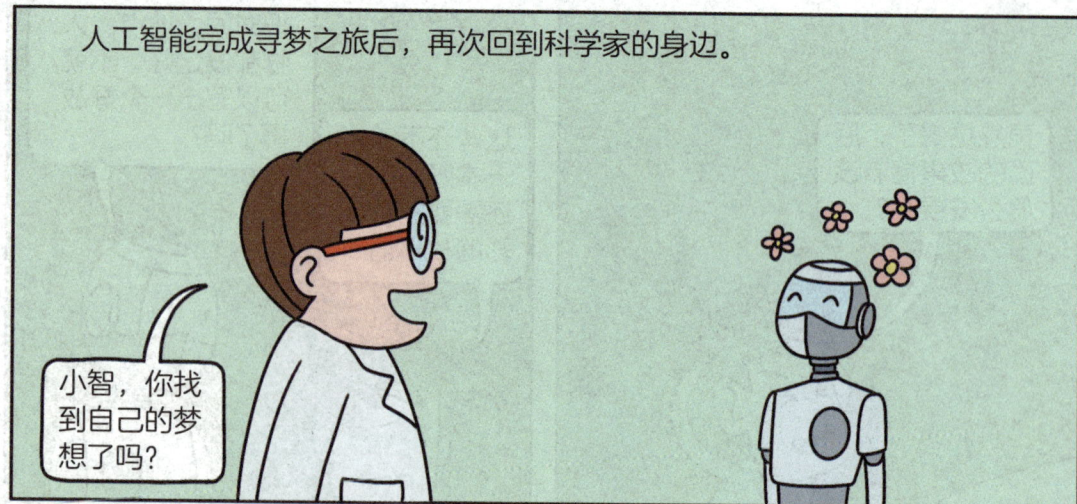

我把梦想都记录到我的《梦想日记》里啦！

哇，好多梦想啊！

日记中的梦想都是未来我想要完成的事，有一些已经取得了进展，有一些还在逐步实现当中。

只要持之以恒地努力，终有一天，你的梦想一定会全部实现的！

小智一行又来到了春秋时期的展馆。工作人员似乎正在表演春秋时期人们遇到的各种问题。
快把银子还给我！
银子上又没有写名字，凭什么说是你的？
小智，你知道银子到底是谁的吗？
根据监控系统回放，这个人是那个偷走银子的小偷。
凭什么说我是小偷，你有证据吗？
哈哈，证据嘛，请看回放。
人证物证俱在，这回你可没法抵赖了。
这是什么戏法啊！

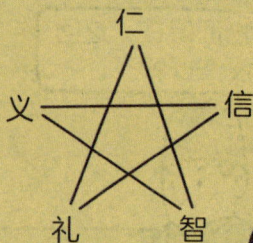